# 我看
## 年份酒的未来

尹满华 著

U0277980

华夏出版社
HUAXIA PUBLISHING HOUSE

# 流通让收藏增值·时间为品味加冕

中国是酒的故乡，酒文化在中国几千年的传承中，几乎渗透到了社会生活中的各个领域，酒越陈越香、越久越醇，爱酒、好酒之人遇到陈年佳酿，只需一抿、一品，便解个中三昧，爱不停口。即便不是酒之老饕，酒的价值与贮藏时间共同增长这样一个概念，也在中国千载酒文化的熏陶中深入人心。

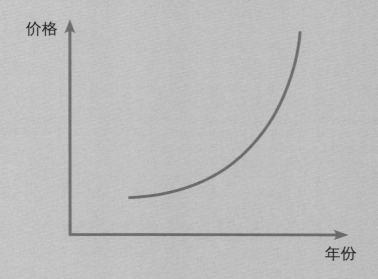

年份酒是指贮藏有一定年月的老酒。中国高端年份白酒，在贮存过程中，有益成分和香味成分不断增加，酒体越发柔和、香醇，趋于老熟，且价值随时间自然增长。

当中国白酒摆上洋人的餐桌和宴席，走入洋人的酒窖和酒吧，成为拍卖会上和资产配置中的常客时，中国的文化输出也就成功了。这一天，对于必将成为世界强国之一的中国而言，并不遥远。

当印钞逐渐成为新经济环境下解决困境的常用手段后，市场最不缺的就是钱，而最缺的将是可流通、有投资和收藏价值的实物资产。

制造流通（Liquidity）才是商品金融化的价值（Value）所在，因为流通能够创造出远超商品本身的价值，正如流通股的价值远大于非流通股。

# 作者简介

**尹满华**，香港金融资产交易集团（Hong Kong Financial Asset Exchange，简称 HKFAEx）创始人、中美合资基金管理集团马可孛罗投资集团创始人、中国香港国际经贸合作协会副会长兼中国投资委员会主席、香港证券及期货监察事务委员会持牌负责人（Responsible Officer）、香港证券及投资学会杰出资深会员（Senior Fellow）、香港会计师公会和英国特许会计师公会资深会员（Fellow）、中国大宗商品现代流通行业专家库特约高级研究员、北京对外经贸大学客座教授。

其主要作译著有《顺策而行中资股》（2007 年）、《中资股：看懂政策赚大钱》（2008 年）、《致胜中国私募股权市场》（*Winning at Private Equity in China*，2010 年）及《稀有金属十年萝卜变黄金》（2012 年），是《2009 中国资产管理行业发展报告》和《2010 中国资产管理行业发展报告》的主要撰写人之一，以及香港《经济日报》专栏《神州华评》和香港《经济一周》专栏《我看年份酒》的专栏作家。

为中国银行的改革和发展做出的重大贡献是：1997 ~ 2004 年在普华永道会计师事务所金融服务部任审计经理期间，作为首批参与中国国有商业银行改革的境外专业人士，全程参与了中银香港的组建和上市及中国银行的重组。同时，其创立和管理的基金屡获殊荣，曾被彭博（Bloomberg）评为全球冠军（2008 年），被《亚洲投资人》杂志（*Asian Investor*）评为全球最佳（2007 年）。他还是"香港证券及投资学会奖学金"、"晴朗基金"及"傲扬实习计划"等的捐助人。

作者拥有超过二十年的金融投资经验，因金融与白酒结下了深深的缘，其创办的香港金融资产交易集团，主营含高端消费品在内的金融资产的交易和资产管理，是国窖 1573·瓶贮年份酒的独家运营商。他信奉"交易制造流通，流通创造价值"（Unlocking the Added Value of Liquidity），认为兼具便捷流通性和长期增值空间的中国年份白酒，其最大的潜力和价值在于成为资产配置的重要组成部分（Chinese Collectible Baijiu is an Asset Class）。

# 目录

# 序

　　这本书全本都与酒有关，如果是十几年前的我，一定会惊奇于自己怎么会出版这样一本书。我人生的前 30 年几乎可以说与酒绝缘，从出生到工作，除了打针时可能擦过酒精，无论是啤酒、红酒、洋酒还是白酒，始终滴酒未沾。直至 30 岁后自立门户，我开始逐渐频繁往返于大陆和香港特区，同时也开始深入接触中国的酒桌文化，才真正与白酒结缘。酒喝得多了，不光酒量会长，对白酒的认识和思考也会增加。作为一个金融人，中国白酒于我而言不仅是一种社交品和消费品，还是一种独具价值的收藏品和投资品，尤其是具有一定时间沉淀的年份白酒，更是稀缺的资产和宝贵的财富。随着沉寂多时的白酒行业逐渐回暖，我也希望我的一些思考能够与大家分享，于是便有了这本《我看年份酒的未来》。

　　简而言之，年份白酒的长期增值空间来源于其独特的三大优势。首先，年份白酒自然增值的特性符合长线投资的需求。中国的好酒都讲求一个"陈"字，越陈的酒越香，越陈的酒越贵，这个概念在中国早已深入人心。一个品质会随时间推移而不断提升的投资品类，毫无疑问会是长线投资的绝佳选择，这也令年份白酒天生具备了成为收藏品和投资品的条件。

　　其次，年份白酒作为一种带有高端消费属性的实物资产，符合中国的发展环境。中国改革开放的 40 年是由物质匮乏向物质过剩转变的 40 年，而未来深化改革的 40 年将会是伴随消费升级、由物质需求转向精神需求的 40 年。年份白酒包含了传统文化、高端消费、社交往来等多重因素，无论是作为消费品、收藏品还是投资品，都能很好地满足社会日益增长的精神需求。

　　再次，年份白酒作为资产配置市场的蓝海具有巨大的市场空间。据统计数据显示，中国居民可投资的金融资产大概有 250 多万亿人民币，其中拥有

1 000 万以上流动资产的高净值人群已经超过 180 万，可投资的资金预计超过 18 万亿人民币。而另一组统计数据显示，西方发达国家高净值人群会将总资产的 2% 至 3% 配置在名酒类别中。这就意味着，未来随着中国资产管理市场的多元化，年份白酒将成为一种全新的资产类别而越来越受到市场的认可。

除此之外，金融海啸之后的全球流动性过剩，为具有抗通胀属性的实物资产带来了巨大需求；中国不断强化的文化输出，对作为中国传统文化重要组成部分的白酒形成了带动作用；"一带一路"和"走出去"等国家战略的推行，也会令境外的年份白酒的市场的需求有所增长。这些因素都对中国的年份白酒带来了长期的利好，令其成为具有长线投资价值的独特且全新的资产类别。

对于年份白酒的解读，书中有详述。最近的几年时间里，我先以金融从业者的身份关注白酒行业，再以白酒爱好者的身份重新思考白酒与金融的结合点，这本书于我而言可以算是半部工具、半本记录。说它是工具，因为本书的前半部分从科普的角度，整理了中国年份白酒市场的一些基本要素，力求让读者在最短的时间内对中国的年份白酒市场有所了解；说它是记录，因为本书的后半部分以分析的方式，记录了我个人对中国年份白酒市场的一些理解和观点，旨在与读者共同探讨中国年份白酒市场的潜力所在。

最后，真诚地希望能够通过本书与读者们一起分享中国年份白酒市场的成长与腾飞。

尹满华

2018 年 9 月 19 日

# 第1章　中国白酒的文化

本章以中国白酒的起源和发展作为切入点，以世界酒品发展史作为参照，图文并茂地讲述了有关中国白酒的文化、原料、酒曲、发酵法、窖池、地域、风格、品鉴等知识。

## 1.1　中国白酒的起源与发展

中国白酒是以淀粉质（或糖质）为原料，加入糖化发酵剂（糖质原料无需糖化剂），经糖化、发酵（固态、半固态或液态）、蒸馏、贮存、勾调而制成的蒸馏酒。

中国是白酒的故乡，追溯中国白酒的历史，可以从史前时代算起。而在这片广袤的大地上，不同的风土人情也形成了不同的酿酒技艺。古人云：橘生淮南则为橘，生于淮北则为枳，实际上，不仅作物受风土地域影响，白酒的酿造也同样受其影响。

在远古时代，原始部落的人们采集的野果经过长期的储存后发霉，形成酒的气味，被不经意喝下后，我们的祖先认为发霉后果子流出的水也很好喝，这是酿酒的雏形，也是酒文化的发端。

夏代第五位国君杜康，被敬为中国"酿酒始祖"，不仅为中华文化留下了酒文化这浓墨重彩的一笔，更是因为发明了酒之一物，激发了历代文人的才思，从而受到世人敬仰，可以说中华上下五千年中那一篇篇如璀璨明珠般的传世名篇中，不少都有这位"酒祖"的功劳。

东汉许慎《说文解字》云："古者少康初作箕帚、秫酒。少康，杜康也。"

宋人张表臣在《珊瑚钩诗话》中说："中古之时，未知曲蘖，杜康肇造，爰作酒醴，可为酒后，秫酒名也。"

而自"酿酒始祖"将酿酒技艺带到这个世上之后，中国的酒文化才可以说真正开始了数千年的传承，渗透进了中华文化之中：商王朝的"酒色文化"；周代的"酒祭文化"和"酒仪文化"；春秋战国时期酒器的兴起，铁制工具的使用，生产技术的改进，生产积极性的提高，生产力的发展，物质财富的增加，都为酒的进一步发展提供了物质基础，所以，春秋战国时期的文献，对酒的记载很多，《礼记·玉藻》记载道："凡尊必尚元酒唯君面尊，唯饷野人皆酒，大夫侧尊用木於士侧尊

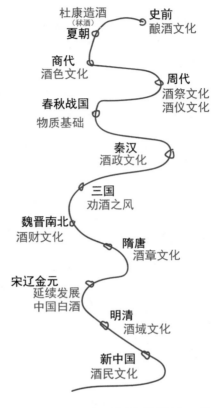

用禁。"；秦汉年间出现的"酒政文化"；汉代时期，人们对酒的认识进一步拓宽，酒的用途开始进入医疗领域，东汉名医张仲景用酒疗病；三国时期的酒风极"盛"，劝酒之风也颇盛，酒风剽悍，嗜酒如命；魏晋南北的"酒财文化"；唐代时期，酒与文人墨客大结缘出现的"酒章文化"。唐朝诗词的繁荣，对酒文化有着促进作用，酒与诗词、酒与音乐、酒与书法、酒与美术、酒与绘画等，相融相兴，沸沸扬扬。唐代是中国酒文化的高度发达时期，唐代酒文化底蕴深厚，多姿多彩，辉煌璀璨。"酒催诗兴"是唐朝文化最凝练、最高度的体现，酒催发了诗人的诗兴，从而内化在其诗作里，酒也就从物质层面上升到精神层面，酒文化在唐诗中酝酿充分，品味醇久。要说白酒真正能够成为中华五千年文化的一部分，则要等到宋代蒸馏法的发明了。从此，白酒成为中国人饮用的主要酒类，同时，中国酒文化也就演变成了中国白酒文化。事实上，宋、辽、金、元四代就是对唐代中国酒文化发展的一种延

续，到明清时期，地域文化的形成促成的"酒域文化"，再到新中国产生的酒文化核心"酒民文化"，总的来说，随着时代的变迁，如今中国的酒文化已渐渐演变成中国特有的政治文化、中国特有的人情文化、中国商业权力寻租文化以及中国特有的公关饭局文化。

2013年3月，传媒评出了世界十大最爱喝酒的国家，排在第一位的是英国，中国排名第二。但如果要论起酒文化，相信中国认第二无人敢认第一。

中国是卓立世界的文明古国，在中华民族五千年的历史长河中，酒和酒类文化一直占据着重要地位。酒是一种特殊的食品，是属于物质的，但又同时融入人们的精神生活之中。酒文化作为一种特殊的文化形式，在传统的中国文化中有其独特的地位。在几千年的文明史中，酒几乎渗透到社会生活中的各个领域。集天时、地利、人和于一身。

在G20峰会、东盟首脑会议、全国经济会议、北约成立六十周年、八国峰会、博鳌论坛、哥本哈根气候大会、非盟首脑会议、世界经济论坛、奥巴马访华等大型国际会议餐会上，中国人用白酒宣扬着中国的酒文化，也向世界讲述着中国的历史发展及演变。

## 世界酒品发展史

当然，酒虽然在中国具有最悠久的历史，但并非中国独有，像世人所熟知的葡萄酒、威士忌、白兰地、日本清酒、韩国烧酒的历史也颇为久远。

葡萄酒：法国的葡萄酒历史十分悠久，可追溯至公元前600年左右，希腊人来到了法国马赛地区，并带来了葡萄树和葡萄栽培技术。公元前51年，恺撒征服了高卢地区，正式的葡萄树栽培便在此展开。随着葡萄种植区域不断向北扩展，公元3世纪，Bordeaux和Burgundy开始为供不应求的葡萄酒市场酿制葡萄酒。公元6世纪，随着教会的兴起，

葡萄酒

葡萄酒的需求量急增，加之富豪对高品质葡萄酒的需求，加快了法国葡萄酒业发展的脚步。中世纪时，葡萄酒已发展成为法国主要的出口货物。

威士忌

威士忌：威士忌的起源众说纷纭，难以考证，但是能确定的是，威士忌酒在苏格兰地区的生产已经超过 500 年的历史，因此一般也就视苏格兰地区是所有威士忌的发源地。根据苏格兰威士忌协会的说法，苏格兰威士忌是从一种名为 "Uisge Beatha"（意为 "生命之水"）的饮料发展而来的。苏格兰的威士忌在 15 世纪时，更多的是作为驱寒的药水。公元 11 世纪的时候，爱尔兰的修道士到达苏格兰传达福音，由此带来了苏格兰威士忌的蒸馏技术。

白兰地：白兰地起源于法国，在公元 12 世纪，干邑生产的葡萄酒就已经销往欧洲各国，外国商船也常来夏朗德省滨海口岸购买葡萄酒。约在 16 世纪中叶，为便于葡萄酒的出口，减少海运的船舱占用空间及大批出口所需缴纳的税金，同时也为避免因长途运输发生的葡萄

白兰地

酒变质现象，干邑镇的酒商把葡萄酒蒸馏浓缩后出口，然后进口国的厂家再按比例兑水稀释出售。这种把葡萄酒蒸馏后制成的酒即为早期的法国白兰地。当时，荷兰人称这种酒为 "Brandewijn"，意思是 "燃烧的葡萄酒"（Burnt Wine）。公元 1701 年，法国卷入了 "西班牙王位继承战争"，法国白兰地也遭到禁运。酒商们不得不将白兰地妥善储藏起来，以待时机。他们利用干邑镇盛产的橡木做成橡木桶，把白兰地贮藏在木桶中。1704 年战争结束，酒商们意外的发现，本来无色的白兰地竟然变成了美丽的琥珀色，酒没有变质，而且香味更浓。于是从那时起，用橡木桶陈酿工艺，就成为干邑白兰地的重要制作程序。这种制作程序，也很快流传到世界各地。

日本清酒：据中国史书记载，古时候日本只有"浊酒"，没有清酒。后来有人在浊酒中加入石炭，使其沉淀，取其清澈的酒液饮用，于是便有了"清酒"之名。公元7世纪中叶之后，朝鲜古国百济与中国常有来往，并成为中国文化传入日本的桥梁。因此，中国用"曲种"酿酒的技术就由百济人传播到日本，使日本的酿酒业得到了很大的进步和发展。到了公元14世纪，日本的酿酒技术已日臻成熟，人们用传统的清酒酿造法生产出质量上乘的产品。这就是闻名的"僧侣酒"，其

日本清酒

中尤以奈良地区所产的最负盛名。后来，"僧侣酒"遭到荒废，酿酒中心转移到了以伊丹、神户、西宫为主的"摄泉十二乡"。明治后期开始，又从"摄泉十二乡"转移到以神户与西宫构成的"滩五乡"。滩五乡从明治后期至今一直保留着"日本第一酒乡"的地位。清酒是借鉴中国黄酒的酿造法而发展起来的日本国酒。 日本人常说，清酒是神的恩赐。

韩国烧酒

韩国烧酒：现今已知的最早酿造时间是约公元1300年前后。具有80年历史的真露，在韩国烧酒业的地位可以和茅台酒在中国的地位媲美，这种酒精度数为22度的烧酒，占据着韩国烧酒市场54%的份额，年均营业利润达到1000亿韩元。真露从1968年第一次出口越南后，如今，已销往80多个国家，其中，在日本烧酒市场上，连续四年销售量排名第一。

中国高端白酒行业高度集中，茅台、五粮液、泸州老窖三大酒企的利润占 2016 年全行业的 45%。

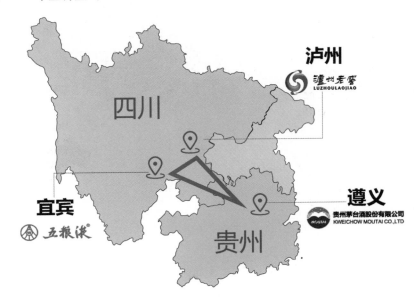

中国白酒金三角

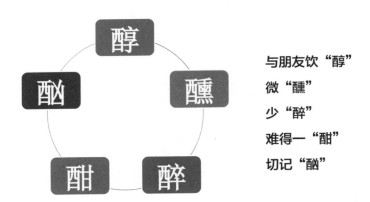

与朋友饮"醇"

微"醺"

少"醉"

难得一"酣"

切记"酗"

中国白酒饮酒哲学

世界酒地图

中国消费者爱喝酒，每年平均饮用 10 升纯酒精（约 20 瓶 52 度国窖 1573），略高于全球平均水平 9.5 升。

## 1.2　中国白酒的诗词歌赋

自古以来，酒一直伴随着我们的生活，更是中华文化不可或缺的部分。酒的用途广泛，可以用于待客、送别、庆祝、祭奠、疗疾、消愁、寻欢、明志等。它似乎无处不在，其入人之深，行世之远，几乎无与伦比。它之所以具有如此巨大的影响力，相信和它如下功能有关：它能够帮助人们打破意志和超我的宰制，让心志从重压下暂时性地解放出来，从而获得更为丰富、更为深刻的生命体验，也有助于人们摆脱现世的烦恼，获得短暂的超越和自由。正在这一点上，酒与诗达成一致：它们通过不同方式作用于人的感觉系统，把人带向一个奇妙的异度空间。

而在人类生活中，酒与诗也深刻地联结起来。首先，中国古代诗人们喜欢以诗侑酒、以酒促诗、题襟修禊、诗酒酬唱，是他们最倾心的生活与写作方式。

其次，饮酒作为一种普遍性的日常生活方式，自然也就成为诗人们抒写的最常见题材，随便打开一本古代诗集，甚至只需看看题目，都不难找到许多写酒诗，这些难以计数的诗篇记录下诗人及其同时代人的生活、体验、情感、愿望，为我们留下了宝贵的精神财富，构成一代代人成长历程中的重要文化因素。

进入现代以来，随着生活方式的变迁、文化的转型，以及诗学与诗意生成机制的改革，中国生生不息的酒诗写作传统明显地衰落了。现代人包括现代诗人已经失去了那种悠闲地过着诗酒生活的条件和心境，固然人们还在饮酒，但他们已经很少把诗与酒联系起来。

但生活在继续，我们依然热爱杯中物，诗人也不例外。因此，有关酒的形象和题材也就不可能从诗歌中断绝。同时，传统虽然被改变，但古典的美学和诗学依然会通过各种潜在的方式在现代诗歌中复活，乃至获得新生。酒与饮酒的形象自然也可以现代的面目进入诗意的营造中。

## 1.3 中国白酒的原料与酒曲

白酒使用的原料主要为高粱（香）、小麦（躁）、大米（净）、玉米（甜）、糯米（绵）、大麦（冲）等，所以白酒又常按照酿酒所使用的原料来冠名，其中以高粱为原料的白酒是最多的。

在酿酒行业中，曲和水决定了酒的风味和口感，也就决定了酒魂，因此，有句话叫作"曲乃酒之骨，水乃酒之血"。

所谓的"曲"，是指酒曲。之所以中国白酒的口感不同于洋酒，最主要的原因就是中国白酒相比洋酒的酿造，多出了一道复杂的制曲技艺。

在中国白酒的酿造过程中，粮食中的淀粉通过酒曲进行发酵，在糖化的同时酒化，最终酿造成酒。白酒的酒曲也源自自然，是小麦、大麦或者豌豆等不同的粮食制成的。不同的粮食，制作方法不同，就会形成不同的酒曲，酿制出不同的酒。

通过酒曲酿酒，是因为酒曲中生长有大量的微生物，还有微生物所分泌的酶（淀粉酶、糖化酶和蛋白酶等），酶具有生物催化作用，可以将谷物中的淀粉、蛋白质等加速转变成糖、氨基酸。糖分在酵母菌的酶的作用下，分解成乙醇，即酒精。酒曲中含有许多这样的酶，其具有糖化作用，可以将酒曲本身的淀粉转变成糖分，在酵母菌的作用下再转变成乙醇。

中国白酒按照酒曲分类分为大曲酒、小曲酒、麸曲酒三种。大曲酒是以大曲做糖化发酵剂生产出来的酒，主要的原料有：大麦、小麦和一定数量的豌豆。大曲又分低温曲、中温曲、高温曲和超高温曲。一般以固态法发酵，大曲所酿的白酒酒质较好，多数中国名优白酒均以大曲酿成；小曲酒是以小曲做糖化发酵剂生产出来的酒，主要的原料有：稻米。多采用半固态法发酵，南方的白酒多是小曲酒；麸曲酒是以麦麸做培养基接种的纯种曲霉做糖化剂，用纯种酵母为发酵剂生产出来的酒，因发酵时间短、生产成本低为多数酒厂所采用，此类酒的产量也是最大的。

中国白酒的发酵生香，是从土地、泥土、泉水中汲取各种精华，利用来自酒曲等发酵源的微生物，让酒的香味伴随天然发酵的过程不断升华，所以酒中会蕴藏有窖香、粮香等不同的风味。相比酒曲酿酒的纯天然，葡萄酒中时常闻到的非果味增香（烟熏味、雪茄味、咖啡味、烤面包味等），多数情况下是靠其贮藏工具橡木桶后天的"粉饰"加工而成的。

说完酒曲就要说水了，在中国白酒的酿造历史中，佳酿必与名泉相伴。

赤水河两边，高山深涧中的井水养成了酱香双姝：茅台和郎酒；

山西杏花村的"古井亭"井水孕育了汾酒；

安徽投戟古井，成就了古井贡酒；

泸州的龙泉井水，催生了国窖 1573。

欧阳修在《醉翁亭》中曾言："酿泉为酒，泉香而酒洌。"一语道出泉与酒的密不可分。

道理其实很简单——越是优质的泉水和井水，其所含的矿物质就越丰富，从而具有更好的溶解性，可以溶解粮食中的蛋白质，萃取出更多的芳香物质。有了名泉的催化，白酒的醇香方能发挥到极致。

据说，古人建造窖池，往往要择良泉而筑，如果当地没有水质合适的良泉，那么此地无论如何物产丰饶，也与美酒无缘。

也有人说，良泉与美酒是相辅相成的，有良泉则有美酒，而美酒则会成就良泉的美名。比如在生产好酒的地方，往往流传着各种美妙的传说或神话，而且多与酿酒的水有关。它们承载着当地人民的美好希望，白酒在良泉的滋养下，也被赋予了更多的精神追求。

葡萄酒逐渐走进家家户户，人们开始更多地了解红酒，知道了法国红酒对于风土的要求极为严格，但事实上，有着独特酒魂的中国白酒对风土的内涵要求更为精细、苛刻。无论是土壤、气候、地质、地形还是水资源、酒曲发酵环境，都对中国白酒有着不同程度的影响，些微变化可能就会令最终成酒的口感和风格迥然不同。

所以，常有人用东西方美术的差异来形容中国白酒与洋酒在酿造工艺上的区别。洋酒的酿造讲究精确和量化，正如西方油画的写实，而中国白酒的酿造讲求道法自然，于特定的环境和条件中寻找印象中的醇香，这正如中国国画的写意，所追求的是一种意境，这就是中国白酒的酒魂。

## 1.4 中国白酒的发酵法与窖池

酒的种类繁多，仅蒸馏酒就有数十种，而白酒作为中国特有的一种蒸馏酒，是世界最知名的八大蒸馏酒（白兰地 Brandy、威士忌 Whisky、伏特加 Vodka、金酒 Gin、朗姆酒 Rum、龙舌兰酒 Tequila、日本清酒 sake、中国白酒 Spirit）之一，所谓蒸馏酒，就是由淀粉或糖质原料制成酒醅发酵后，经蒸馏而得。

中国白酒按照发酵法分类分为固态法、半固态法和液态法发酵酿造白酒三种。固态法发酵酿造白酒是指在配料、蒸粮、糖化、发酵、蒸酒等生产过程中都以固体状态流转而酿制的白酒，发酵容器主要采用地缸、窖池、大木桶等设备，多采用甑桶蒸馏，固态法发酵的白酒酒质较好、香气浓郁、口感柔和、绵甜爽净、余味悠长，多数中国名优白酒是固态法发酵酿制而成的；半固态法发酵酿造白酒是指以大米为原料，小曲为糖化发酵剂，先在固态条件下进行糖化，再在半固态、半液态条件下进行发酵，最后蒸馏制成的白酒；液态法发酵酿造白酒是指以液态法发酵蒸馏而得的食用酒精为酒基，再经串香、勾调（兑）而成的白酒，发酵成熟醪中含水量较大，发酵、蒸馏均

在液体状态下进行，如传统串香白酒、固液勾兑白酒、调香白酒等。

不同的发酵法对原料、器具、技艺都会有不同的要求，酿造出的酒也就各具特色。以中国的固态发酵蒸馏酒为例，在酿酒过程中对酒品的香味水平起着决定性作用的是发酵窖池的使用年龄（通称为"窖龄"）。酿酒窖池使用的时间愈长，其形成的微生物环境愈出色，而这个微生物环境是酝酿发酵出优质白酒的生化反应基础。这种特殊的、专为酿酒所形成的微生物环境，需要长期不间断地培养，加之特殊地质、土壤、气候条件等，方能形成真正的"老窖"。

而"老窖"的这一个"老"字正是优质窖池最宝贵的特点。因为要想保持并延续窖池的使用年龄（即窖龄），就必须稳定、长期不间断地使用窖池进行发酵。一般来说，和平发展时期，百业兴旺，生活富足，酒类需求增长，便会出现大批酿酒作坊，但如果遇到朝代更迭、自然灾害等因素，很容易造成窖池闲置或破坏，而酿酒窖池的闲置，将直接导致其微生物群质量的下降，当再度启用时，其所产基酒品质将会明显下降。因此，窖池真正的长期连续使用，非惟人力，亦赖天时。

# 关于"老窖"的故事

1960 年，国家闹饥荒，粮食极度匮乏，酿酒需要粮食，可人们连饭都吃不饱，哪有足够的粮食酿酒。面对这样艰难的境地，泸州老窖酒厂只好将一部分窖池停产，以响应国家减少粮食消耗的方针。

泥窖酿酒的奥妙主要在于窖泥中所含微生物。酒的香气实际上是微生物新陈代谢的产物，其决定了酒的风格和品位。微生物在窖池不间断的发酵过程中不断驯化富集，窖越老，微生物越丰富，酿出的酒就越好。若窖池停止生产，必然破坏窖泥的微生物环境，假使恢复生产，酒的品质也会受到很大的影响，而且倘若窖池停产时间过长，微生物死亡殆尽，那这口窖便再也不能酿出酒来，只能是一口废窖了。

停窖是件大事，厂里研究很久，决定让一部分窖龄较短的窖池暂时停止生产，以此将窖池损失减少到最低。但停窖不能停工，对于原本属于停产窖池所在车间的这部分工人，领导们决定开办卫星厂，搞多种经营，以安置这部分工人。

赖高淮在厂里搞了几年研究，比较有经验，领导们商议之下，决定将他从化验室抽调出来，去搞卫星厂。那时提出了十来个项目，有用黄水做醋，做酱油，还有用酒槽子做人造肉精等。这些项目投入生产后，在一定程度上解决了厂里员工粮食匮乏的问题，投入市场之后也广受欢迎。

1961 年算是熬过了大饥荒，人民的温饱问题基本得到了解决，粮食也有剩余，能够拨出一些来酿酒，被迫放弃的那部分窖池在停窖一年之后终于能陆续恢复生产了。按理来说，这部分窖池只停产一年，会影响窖泥中的微生物环境，不能产出同原来一样的好酒，但产酒还是没有问题的。可令人不安的是重新恢复生产的其中几口窖池，却再也不出酒了。不出酒被称为倒窖，上到领导下到基层员工都很着急。但大家首先想到的是人为破坏，为此，管理那几口不出酒的窖池的酿酒师们陆续被关了起来。但不久之后，所有之前停产的窖池都不出酒了，大家这才想到也许是窖池自身的原因，赶紧把这个情况报到省里去。有酿酒师提出，会不会是因为窖池冷了，这才酿不出酒？说不定提高窖池温度，就又能出酒了。有人便想出一个办法，在窖里用火来烤，试图将窖池烤热，可这法子完全不管用。整个酒厂一片愁云惨雾，所有人都不知道怎么办才好。

省里得到这个消息，派了省专卖局的科长张庆文过来了解详细情况。张科长也是技术出生，曾在邯郸和赖高淮一起搞过白酒研究，对这个年轻人很欣赏。一来泸州就问："赖高淮呢，他有没有看过窖池，他怎么说？"接待人员愣了，没想到他第一句话就是问赖高淮，老实道："赖高淮在搞卫星厂，没来得及过来看。"张科长皱眉道："有技术人员不用，这不是开玩笑么，把赖高淮叫回来，化验室成立起来，赶紧分析下，看到底是什么原因。"

张科长离开后，厂里领导立刻把赖高淮从卫星厂调了回来，还给他配了个助手。接手这项工作，赖高淮立刻全身心投入进去。从前窖池正常产酒时，他就主动测试并记录了窖池的水分、酸度、窖温等相关数据，保存了窖池正常情况下的标准指标，现在只需将窖池情况重新分析一次，看问题到底出在哪个环节。尽管有原始数据作对比，但这也是一项相当费神的工作。为了尽快搞清楚老窖不出酒的原因，使车间尽早恢复正常生产，赖高淮可说是夜以继日，饿了就在食堂随便吃点儿，困了就在实验室囫囵眯一会儿。他本是最注重仪表的人，连下放车间劳动那段时间，也是上班一身衣，下班一身衣。但在解决老窖不出酒这个问题时，工人们经常看到赖高淮穿着西装、光着脚，仪表全无地蹲在深三米的窖池底，或查看窖泥，或思考，常常一思考就是一两个小时。经过两个多月呕心沥血的现场调研和实验工作，老窖不产酒的真相终于被揭开了，原来是酸度出现了问题。近一年的停产使窖池里的糟粕腐烂变质，酸度增高，从而破坏了原有的庞大微生物种群体系，最终造成了不能出酒的结果。但工人们从来没有酸度的概念，只有糖、水、温的概念，认为窖不出酒，问题必然出在这三个要素上，从没想过酸度的影响，也难怪一直查不出问题。

赖高淮分析出原因，对症下药制定了解决方案：将槽子里的黄水滴出，加新鲜水进去；并且"抬盘冲酸"，用水冲刷甑桶，采用火烤的方法，将甑桶里的水部分加热成水蒸气，使酸性物质分解，并随水蒸气冷凝，最终随着水流冲走；同时还在窖池中加碱，使酸碱得到中和，通过这些方法降低窖池的酸度。

刚开始，很多工人都不相信这套法子，觉得老祖宗传下来的酿酒技术里从没提到过什么酸度，赖高淮的这套法子简直就是胡来。他们一方面不愿意拿窖池冒险，一方面又想不出更好的办法，只好抱着试一试的态度，先拿几个窖做实验。结果这几个窖被赖高淮一通整治后居然全好了。工人们又是高兴又是惊讶，赶紧把这套法子普及到其他不产酒的窖池，半个月后，所有窖池都恢复了正常生产。

窖不出酒的问题被赖高淮顺利解决后，工人们才真正意识到化验室的作用。以前工人们都觉得烤肉是个体力活，只靠经验就行了，数据没有用。这时候才知道原来酿酒也是讲科学的，数据能够指导生产。这件事之后，当时的厂领导也真正重视起化验室来，规定车间要无条件配合化验室的日常工作。拿取酒糟来说，从前都是赖高淮自己去车间取样糟，厂领导的命令下达之后，再不用他辛苦跑车间了，都是车间主任给他送过去。每天早上，他们一大早到窖池取来样糟，送到化验室，化验室对样糟进行分析化验，做好数据记录，再根据样糟成分确定投粮数据，填好表单，等车间主任中午过来取，取了之后整个车间都按表单操作。

自此，泸州老窖正式在实践中以数据指导生产。这个举措得到了丰厚的回馈，在1963年的年终统计总结中，大家发现，全厂出酒率得到了极大提升，从前两百五十斤粮食酿出一百斤酒，将化验室纳入生产体系、以数据指导生产后，只要两百斤粮食就可以出一百斤酒了。一百斤酒节约五十斤粮食，差不多是一个成年人一个月的口粮。

年老的酿酒师傅们常挂在嘴边的一句话是："窖池是有生命的、有灵性的，你对它好，它也会对你好，还会加倍回馈你。"在窖池濒危的情况下，赖高淮带着他的团队拯救了窖池；窖池重新出酒，重新出好酒，也回报了整个泸州老窖酒厂。

**内容摘自：《人道·酒道：记国宝级酿酒大师赖高淮、沈才洪的传奇人生》，湖南文艺出版社，2012。**

## 1.5　中国白酒的地域与风格

　　一方水土养一方人，人们的饮食习惯与所处的地域及环境往往有着紧密的联系。游牧民族多食奶肉，以之御寒；北方气候适宜种植小麦，北方人就创造出了多种多样的面食；而南方多水稻，米饭、米粉、米线也就成了南方人钟爱的主食。

　　与此类似，饮酒习惯也与地域和环境相关。比如生活在寒冷地区的人，往往会偏好酒精度数较高的酒，比如苏格兰高地的威士忌、俄罗斯的伏特加等。的确，在冰天雪地中，一杯烈酒入喉，那种由内而外"烈焰"般的温暖，确实令人舒爽。

　　跟欧洲的烈酒相比，中国的白酒虽然度数也很高，但却并不是很"烈"，国人常用"绵软"、"香醇"来形容好的白酒，就是因为中国的白酒即便度数很高，也暗合中国传统文化中的含蓄审美。金庸的一句"谦谦君子，温润如玉"被人竞相引用，好的白酒正如君子般，入口内敛，回味悠长，但又外柔内刚，"柔"是酒体的温和，"刚"是酒度不亚于烈酒。

　　即便同样是高度数的白酒，不同的地区，因为饮食习惯的差异、口味的偏好，也会展现出不同的风采，具体的可参见下面的图表。

**中国各省特色白酒**

| | 酒（域） | 品牌 | 简介 |
|---|---|---|---|
| 1 | 川酒（四川） | 泸州老窖、五粮液、郎酒、剑南春、全兴大曲、沱牌、酒老大、水井坊、舍得 | 四川是浓香型白酒的最大产地，知名白酒品牌众多，且各有各的风格，在市场上占据重要地位，其中泸州老窖、五粮液、剑南春、舍得、水井坊和郎酒被称为川酒"六朵金花"。 |
| 2 | 贵酒（贵州） | 茅台、董酒、贵州习酒 | 贵州是酱香型白酒的最大产地，以茅台最为出名，不过最让人意外的是，当地人并不爱喝茅台。 |

| | 酒（域） | 品牌 | 简介 |
|---|---|---|---|
| 3 | 皖酒<br>（安徽） | 古井贡、口子酒、金种子、迎驾贡酒、高炉家酒、老明光 | 不过在酒圈，人们好像更习惯把安徽的白酒简称徽酒，安徽也是以生产浓香型白酒为主，古井贡、口子酒、金种子、迎驾贡酒是"徽酒四朵金花"。 |
| 4 | 晋酒<br>（山西） | 汾酒、杏花村、竹叶青、义和成贡 | 山西是清香型白酒的最大产地，而汾酒是山西白酒的标志，无论是送礼还是摆宴席都必不可少。 |
| 5 | 陕/秦酒<br>（陕西） | 西凤酒、店头高酒、白水杜康、太白 | 陕西以凤香型白酒为主，陕西人喝酒不比价格和档次，看重的是口碑，最具特色的酒当属西凤酒，是老陕人喝酒的不二选择。 |
| 6 | 湘酒<br>（湖南） | 酒鬼酒、湘泉酒、武陵酒、浏阳河、邵阳大曲 | 湖南是个没有本地酒概念的省份，不过其馥郁香型白酒非常出名，是湖南的特色酒类之一。 |
| 7 | 冀酒<br>（河北） | 衡水老白干、丛台酒、板城、刘伶醉、山庄老酒 | 河北人喝酒喜欢跟风，也有的人喜欢根据自己的喜好买酒，比如承德人只喝板城烧锅、山庄、九龙醉，邯郸人青睐丛台，衡水人只认衡水老白干，保定人多喝祁州，唐山人则以喝曹雪芹家酒为荣。 |
| 8 | 鲁酒<br>（山东） | 泰山、兰陵酒、孔府家酒、景芝白干、古贝春、扳倒井、趵突泉、琅琊台、温河王、胜友春酒 | 山东也是产酒大省，品牌众多，产量巨大，其中泰山、兰陵酒、孔府家酒、景芝白干、古贝春、扳倒井、趵突泉、琅琊台被称为"鲁酒八大金刚"。山东人的豪爽是出了名的，因此在饮酒量上自然拔得头筹。朋友聚会豪爽的时候可以喝扳倒井、景阳冈，想家了可以喝孔府家酒。 |
| 9 | 豫酒<br>（河南） | 宋河粮液、杜康、宝丰、赊店、张弓、仰韶 | 河南是人口大省，自然也是白酒消费大省，对于河南人来说，比较出名的白酒还是很多的，比如浓香型的宋河粮液、清香型的宝丰酒以及兼香型的仰韶小窖。可以根据自己的喜好来买酒，特别是送父母的时候，最好先问清他们喜欢哪种香型的白酒。以上六个品牌被称为"豫酒六朵金花"。 |

| | 酒（域） | 品牌 | 简介 |
|---|---|---|---|
| 10 | 苏酒（江苏） | 洋河、双沟大曲、今世缘酒、梅兰春酒、高沟酒、汤沟酒、颐生酒、五提浆 | 江苏以浓香型大曲酒最为出名，而洋河是江苏白酒的标志，有"生态苏酒"的美誉，其梦之蓝、海之蓝和天之蓝系列更是全国家喻户晓的品牌酒。 |
| 11 | 京酒（北京） | 二锅头 | 对于北京人来讲，京城有三乐：登万里长城、吃全聚德烤鸭、喝二锅头，三乐不全不算到北京，可见二锅头已经融入北京人的血液里，其白酒品牌也一般以主打二锅头为主，红星二锅头、牛栏山二锅头，总之就是二锅头的天下。 |
| 12 | 桂酒（广西） | 桂林三花 | 广西最出名的酒莫过于桂林三花酒了，是桂林三宝之一，在米香型白酒里它绝对是数一数二的。 |
| 13 | 赣酒（江西） | 四特酒、章贡王 | 江西的特香型白酒最出名的是四特酒，除此之外，抚州人还对章贡王情有独钟，过节送礼一般都首选这两种酒。 |
| 14 | 鄂酒（湖北） | 稻花酒、枝江酒、白云边、石花酒、黄鹤楼白酒 | 鄂酒品牌也不少，湖北白云边在全国市场的竞争力不容小觑。 |
| 15 | 浙酒（浙江） | 绍兴酒、女儿红、古越龙山、塔牌、会稽山、唐宋 | 浙江人一般不爱喝白酒，平时以黄酒为主，代表品牌：女儿红、古越龙山、塔牌、会稽山、唐宋等。特别值得一提的是，浙江、江苏、上海、广东一带的人和福建人一样，非常热衷于投资和收藏高端白酒。 |
| 16 | 青酒（青海） | 青稞酒 | 青海由于海拔高，只能种植青稞，故当地人习惯喝青稞酒，这种酒度数高，略带苦味，但是喝了不上头。目前市面上青海的互助牌青稞酒比较有名。 |
| 17 | 黑酒（黑龙江） | 玉泉、北大仓、富裕老窖 | 黑龙江最早的白酒是双城花园，现在是群星荟萃。目前市场上活跃的有玉泉、北大仓和富裕老窖，价格都比较亲民，一般100-200元就能买到合适的酒来送礼。 |

| | 酒（域） | 品牌 | 简介 |
|---|---|---|---|
| 18 | 新酒（新疆） | 伊力特曲、肖儿布拉克、三台老窖 | 新疆人一般喝本地产的酒，有时候也喝其他地区的酒，但只喝高档的酒，本地酒销量比较好的品牌有伊力特、肖儿布拉克，三台老窖，主要产地是伊犁的酒。 |
| 19 | 蒙酒（内蒙古） | 河套酒、宁城老窖、蒙古珍酒、马奶酒、草原白酒、蒙古王、锡林郭勒酒、塞外狼 | 内蒙古地区酒类繁多，大部分人都喝当地酒，一些知名酒有塞外狼、蒙古王、奥淳等，无论高度和低度的都有人气，不过在市场上好像一般比较难买到。蒙酒的品牌也不算少，只不过对大多数人来说认知程度和熟悉程度都比较低。 |
| 20 | 闽酒（福建） | 丹凤佳酿、地瓜烧 | 福建当地产的白酒很少，比较有名的有厦门的丹凤佳酿，属于中档价位白酒品牌。福州人一般不喝白酒，喜欢喝自酿的米酒之类的，比如鼓山老酒。 |
| 21 | 甘酒（甘肃） | 金徽酒、红川酒、滨河九粮液、皇台酒、崆峒酒、中华藏酒、古河州 | 丝绸之路上离不开酒，酒文化便在丝绸之路上应运而生。所以，丝绸之路重地甘肃虽名酒不多，但酒文化习俗深厚，以金徽酒最为著名。 |
| 22 | 津酒（天津） | 直沽烧 | 直沽烧是比较典型的津酒。 |
| 23 | 辽酒（辽宁） | 道光、三沟老窖、凤桥纯粮酒 | 辽宁是东北地区唯一的既沿海又沿边的省份，这里水资源丰富，是酿造好酒的地方，而辽宁特产酒也特别的多。 |
| 24 | 吉酒（吉林） | 洮儿河、洮南香、榆树钱、四平老白酒 | 辽代春捺钵考古遗址表明古代白酒酿造工艺出现在吉林。 |
| 25 | 云酒（云南） | 玉林泉 | 云南本土的知名白酒品牌很少，以作为云南省小曲清香型白酒典型代表的玉林泉最为出众。 |

## 1.6　中国白酒的品鉴

对于酒，既有人说甘之如饴，也有人说难以下咽，除了天生对酒的感受不同外，造成这种分歧的原因与饮酒人对酒的第一印象也有不小的关系。由于酒的种类繁多，有些人在第一次饮酒时碰到了劣质的白酒，有了糟糕的第一印象：燥辣、生烈、上头、呕吐，于是便把"李鬼"当成了"李逵"。

白酒作为中国文化的载体之一，不仅仅是一种饮料，更是一种传承，因此辨别劣质白酒与陈酿佳酿，使白酒这种传统文化得到传承和发扬，就很有意义了。天然的佳酿首先是源于自然的"真"：粮食的精华、酒曲的微生物、窖池的生香、泉水的滋养、山洞的陈化，无一不是循自然之道而天成，任何人工或造假的手段都会影响酒的品位；其次，佳酿一定是"美"的：酒体美，酒色美，酒香醇，酒味浓，甚至只需望和闻就能感受到其中的美；另外，好的白酒饮后要对身体健康有"善"：不燥辣，不猛烈，不上头，不伤身，醉酒之后的头疼、恶心等现象在好的白酒中是很难出现的。

"真"除了道法自然，还要存在"缺陷"：

美酒佳酿的"真"，在于它有缺憾。即便是同一个酒厂生产的同一款酒，根据年份和气候的差异，使用窖池年份的不同，窖藏时间的长短，甚至是酒体设计大师个人艺术灵感的差别，都会产生细微偏差。所以，不同的定制酒，每一坛都不会完全相同。也正因有了差别，方才同艺术品一般值得赏味珍藏。

酒与人一样，是天生有缺憾的，正是因为这份缺憾，才成就了白酒最真实的一面：源自自然，富有神韵，不可复制。

"美"除了嗅觉和视觉上的直接感受外，还要有变化：

上好的白酒有一股源自窖泥和酯类的天然芬芳，闻起来，与香水的前调、中调、后调类似，亦是由近及远，颇具变化的。像纯粮酿造的曲类酒，既能将粮香、窖香和酒香有机地结合在一起，又能在细品的时候将其有效区

**蒙酒**：河套酒、宁城老窖、蒙古珍酒、马奶酒、草原白酒，蒙古王，锡林郭勒酒、塞外狼

**新酒**：伊力特曲、高炉家酒、肖儿布拉克、三台老窖

**甘酒**：金徽酒、红川酒、滨河九粮液、皇台酒、崆峒酒、中华藏酒、古河州

**青酒**：青稞酒

**晋酒**：汾酒、杏花村、竹叶青、义和成贡

**陕/秦酒**：西凤酒、店头高酒、白水杜康、太白

**川酒**：泸州老窖、五粮液、郎酒、剑南春、全兴大曲、沱牌、酒老大、水井坊、舍得

**贵酒**：茅台、董酒、贵州习酒

**云酒**：玉林泉

**桂酒**：桂林三花

中国各省特色白酒地图

**黑酒**：玉泉、北大仓、富裕老窖

**吉酒**：洮儿河、洮南香、榆树钱、四平老白酒

**辽酒**：道光，三沟老窖、凤桥纯粮酒

**冀酒**：衡水老白干、丛台酒、板城、刘伶醉、山庄老酒

**津酒**：直沽烧

**京酒**：二锅头

**鲁酒**：泰山、兰陵酒、孔府家酒、景芝白干、古贝春、扳倒井、趵突泉、琅琊台、温河王、胜友春酒

**苏酒**：洋河、双沟大曲、今世缘酒、梅兰春酒、高沟酒、汤沟酒、颐生酒、五提浆

**皖酒**：古井贡、口子酒、金种子、迎驾贡酒、高炉家酒、老明光

**浙酒**：绍兴酒、女儿红、古越龙山、塔牌、会稽山、唐宋

**闽酒**：丹凤佳酿、地瓜烧

**赣酒**：四特酒、章贡王

**鄂酒**：稻花酒、枝江酒、白云边、石花酒、黄鹤楼白酒

**豫酒**：宋河粮液、杜康、宝丰、赊店、张弓、仰韶

**湘酒**：酒鬼酒、湘泉酒、武陵酒、浏阳河、邵阳大曲

分，能够让人产生愉悦之感。这与劣质白酒、没有变化的"酒精味"是截然不同的。

"善"指的是与饮者的健康为善：

人的身体就是一个天然的"测试机器"，人体本能会对不好的物质产生抵抗。比如闻到不悦的气息会有呕吐的感觉，接触到某些化学物质皮肤会过敏，误食了不洁的食物会腹泻等等，其实这些都是人体的天然排异反应，也是鉴别白酒好坏最直接的手段。所以，当饮酒后出现恶心、头痛等症状，基本可以判定此白酒非天然，有人工化合物的嫌疑。

少喝酒，喝好酒，是一种养生之道，但前提必须是好酒，而对白酒的简单辨识，也是为自己健康负责的必要常识。

辨识白酒好坏的秘诀：

1. 看酒花：随着造假技术的日趋"完美"，一般人很难再从外包装来判断一瓶白酒的真伪。这时候我们可以把装白酒的酒瓶倒过来，然后看酒液形成的"泡沫"状酒花。越好的白酒，酒花越是细小均匀不容易消散的，而且酒液会呈现出一种细微的黏稠状的感觉。相反，劣质的白酒的酒花，大而糙，且不宜持久。

2. 看酒色：白酒是透明的，但是劣质白酒的加浆降度的工艺不完善，所以会出现杂质，或者酒体浑浊的现象。只有陈酿五年以上的白酒，才会偶尔有淡黄色的酒体，新的白酒应该是透明纯净的。

3. 闻酒味：细腻绵长有变化的酒香为正常的自然白酒，越是高档的白酒，其香味越"温柔"，而劣质白酒的酒精味是极富"侵略性"的，会让鼻腔感到不适。

4. 饮后感：品尝一口白酒，无论是何种香型的白酒，只要是好酒，都具有很好的质感，不过分刺激口腔味蕾，有回甘或是落口甜的感觉，下喉很柔顺，回味有香气。反之，刺激口腔、没有香甜感、下喉困难的白酒，基本都是劣质酒。同时，喝起来没有浓郁酒香、没有回味的白酒，也多属于加水过度的白酒，非好白酒。

# 第2章　中国白酒的十二大香型

　　本章以中国白酒的十二大香型作为切入点，图文并茂地讲述了中国白酒各大香型的典型代表、制曲工艺特点、酿酒工艺特点、产品口感特征及品评要点等知识，旨在让广大读者对中国白酒有进一步的认识和了解。

中国白酒历史悠久，种类繁多。到目前为止，已形成十二种主要香型，分别是浓香型、酱香型、清香型、米香型、凤香型、豉香型、芝麻香型、特香型、兼香型、药香型、老白干香型、馥郁香型。它们的形成正是长期以来人们对白酒生产工艺的不断总结、提高的结果，是中国广阔的地域、气候、原料、水质等诸方面因素影响的结果，也是各类型白酒之间不断相互模仿、融合、借鉴的结果。

不同香型的白酒体现着不同的风格特征（或称典型性），而这些风格的形成源于酿酒各自采用的原料、曲种、发酵容器、生产工艺、贮存、勾调技术以及不同的地理环境，从而出现了中国白酒百家争鸣、百花齐放的场景，各自博采众长又别具匠心。

中国白酒风格特征、香味成分和工艺特点有着密切的关系：首先，酱、浓、清、米香型是基本香型，它们独立地存在于各种白酒香型之中；其次，酱、浓、清、米香型是其他八种香型的基础，其他八种香型是在这四种基本香型的基础上以一种、两种或两种以上的香型生产工艺进行融和，形成自身的独特工艺，从而衍生出新的香型，如下图所示。

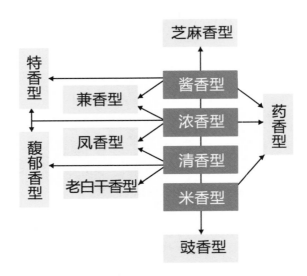

中国白酒十二大香型及典型代表

| | 香型 | 典型代表 |
|---|---|---|
| 1 | 浓香型<br>（亦称泸香型、窖香型） | 泸州老窖、五粮液 |
| 2 | 酱香型<br>（亦称茅香型） | 贵州茅台酒、四川郎酒、湖南武陵酒 |
| 3 | 清香型<br>（亦称汾香型） | 山西汾酒、河南宝丰酒、红星二锅头、江津老白干、云南玉林泉 |
| 4 | 米香型<br>（亦称蜜香型） | 桂林三花酒 |
| 5 | 凤香型 | 陕西西凤酒 |
| 6 | 豉香型 | 广东玉冰烧、九江双蒸酒 |
| 7 | 芝麻香型 | 山东景芝白干、山东扳倒井 |
| 8 | 特香型 | 江西四特酒 |
| 9 | 兼香型 | 湖北白云边、黑龙江玉泉酒 |
| 10 | 药香型 | 贵州董酒 |
| 11 | 老白干香型 | 衡水老白干 |
| 12 | 馥郁香型 | 湖南（湘西）酒鬼酒 |

## 2.1　浓香型白酒

亦称泸香型、窖香型，属大曲酒类，其特点可用六个字、五句话来概括：六个字是香、醇、浓、绵、甜、净；五句话是窖香浓郁，清洌甘爽，绵柔醇厚，香味谐调，尾净余长。以粮谷为原料，经固态发酵、贮存、勾调而成。以泸州老窖、五粮液为典型代表。

下面以泸州老窖为例。

### （一）制曲工艺特点

以小麦为制曲原料，高温（水温 ≥ 80℃）润料，生料磨碎，加水拌料（冬热水 25℃ ~ 40℃，夏冷水），机械压制成块状曲坯，鲜曲坯含水量在 36% ~ 40%，以稻壳或者竹板作为支撑透气物、稻草或者编织布作为保湿覆盖物安曲培菌，培菌期最高发酵品温 55℃ ~ 65℃，培菌时间 12±3 天，翻曲逐层堆积转化生香，入库储存备用，粉碎投入酿酒生产。

**（二）酿酒工艺特点**

酿酒原料：泸州特产有机糯红高粱。

糖化发酵剂：中温大曲。

发酵设备：泥窖。

发酵时间：45–90 天。

工艺特点：泥窖固态发酵，开放式操作生产、多菌密闭共酵、采用续糟（渣）配料、混蒸混烧，甑桶固态蒸馏，除头去尾，量质摘酒，原度储存两三年以上，精心勾调而成。

**（三）产品口感特征**

色泽：无色、透明、无悬浮物、无沉淀。

香气：窖香、糟香幽雅，具有浓郁的以己酸乙酯为主体的复合香气。

口味：醇香浓郁、饮后尤香、清冽甘爽、回味悠长。

**（四）浓香型白酒品评要点**

1. 色泽上无色透明（允许微黄）；

2. 根据香气浓郁大小、特点分出流派和质量好坏。凡香气大、窖香浓郁突出、浓中带陈的特点为川派，以口味醇、甜、净、爽为显著特点的为江淮派；

3. 以酒的丰满、净爽程度来区分酒体质量的好坏；

4. 绵甜是优质浓香型白酒的主要特点，体现为甜得自然舒畅；酒体醇厚，稍差的酒不是绵甜，只是醇甜或甜味不突出，这种酒体显得单薄、味短、陈味不够；

5. 酒后味的长短、干净程度也是区分酒质好坏的要点；

6. 香味是否谐调，不仅可以用来区分白酒酒质的好坏，也是区分白酒采用何种发酵方法（固态法、半固态法或液态法）的主要依据。

## 2.2 酱香型白酒

亦称茅香型，特点是酱香突出、幽雅细致、酒体醇厚、清澈透明、色泽微黄、回味悠长。以贵州茅台酒、四川郎酒及湖南武陵酒为典型代表。

下面以贵州茅台酒为例。

**（一）制曲工艺特点**

以纯小麦为原料制曲，高温堆曲，用稻草覆盖曲坯上面及四周，夏季经5–6 天，冬季经 7–9 天，发酵品温达到最高点 65℃左右，一般为端午拆曲，重阳下沙，用曲量大。大曲的堆积培养过程可分为堆曲、盖草洒水、翻曲、拆曲四步。

**（二）酿酒工艺特点**

原料：高粱。

糖化发酵剂：高温大曲。

发酵设备：条石泥底窖。

发酵时间：八轮次发酵，每轮次为一个月。

工艺特点：

1. 一年为一个大的生产周期，两次投料（下沙和糙沙各投总粮的50%）、八轮次发酵（每次发酵 1 个月）、七次取酒；

2. 四高两长：高温制曲（65℃ ~ 69℃）、高温堆积（45℃ ~ 50℃）、高温发酵（窖内温达 42℃ ~ 45℃）、高温流酒（流酒温度 35℃ ~ 40℃），发酵周期长，酒的贮存期长；

3. 按酱香、醇甜、窖底香三种典型体分别储存；

4. 用曲量大，高于其他任何香型，粮：曲 =1：1（左右），曲不仅作为糖化剂，而且作为酱香物质的前体，分轮次不断添加，随着曲用量的增大，给酱香独特香气制造了有利条件，故成品曲的香气是酱香的主要来源之一；

**（三）产品口感特征**

酱香突出，幽雅细腻，酒体醇厚，回味悠长，空杯留香持久。

**（四）酱香型白酒品评要点**

1. 色泽上，微黄透明；

2. 香气上，酱香突出，酱香、焦香、糊香的复合香气，酱香＞焦香＞糊香；

3. 酒的酸度高，酒体醇厚、丰满、舒适（反之则香气持久性差、味短、空杯酸气味突出，则酒质差，幽雅、舒适感差）。

## 2.3　清香型白酒

亦称汾香型，以高粱为原料清蒸清烧、地缸发酵，具有以乙酸乙酯为主体的复合香气，清香纯正、自然谐调、醇甜柔和、绵甜净爽。大曲清香型白酒采用清茬、红心、后火三种不同培养工艺制成大曲，按一定比例配合使用。大曲清香型白酒以山西汾酒、河南宝丰酒为典型代表；麸曲清香型白酒以红星二锅头为典型代表；小曲清香型白酒以川法小曲白酒江津老白干、云南小曲白酒玉林泉为典型代表。

下面以山西汾酒为例。

**（一）制曲工艺特点**

以当地优质高粱为酿酒原料，大麦和豌豆制成的低温大曲（大麦：豌豆为 6：4 或 7：3），制曲温度一般不超过 50℃，用曲量少，一般为原料的 9%～11%。

三种曲（清茬曲、后火曲和红心曲）并用，分别按 30%、40%、30% 的比例混合使用，该三种曲在制曲工艺阶段完全相同，只是在制曲温度控制上有所区别。

### （二）酿酒工艺特点

原料：高粱。

糖化发酵剂：低温大曲。

发酵设备：地缸。

发酵时间：28 天左右。

工艺特点：采用清蒸清渣、地缸固态发酵（入缸温度一般为 15℃ ~ 18℃）、清蒸二次清、润料堆积、低温发酵、高度摘酒等工艺，并根据原酒质量按大渣酒、二渣酒分别储存、精心勾调，存放 2 ~ 3 年后出厂。

### （三）产品口感特征

酒液晶莹透明，清香纯正、醇甜柔和、自然谐调、爽净，余味爽净。

下面以红星二锅头为例。

### （一）酿造工艺特点

原料：高粱。

糖化发酵剂：麸曲酒母。

发酵设备：水泥池。

发酵时间：4 ~ 5 天。

工艺特点：清蒸清烧，老五甑工艺蒸馏，掐头去尾截取中段，长年窖存。

### （二）产品口感特征

酒质清澈透明，清香纯正、具有以乙酸乙酯为主体的清香淡雅的香气，口味醇和，绵甜爽净，后味长，尾干净。

下面以江津老白干为例。

### （一）制曲工艺特点

采用根霉曲，根霉曲是采用纯培养技术。

将纯种根霉与固体酵母分别在麸皮上单独培养，然后将固体酵母按一定比例配入纯根霉中而成根霉曲，使根霉曲具有糖化和发酵作用，根霉中配酵母的多少，视工艺、发酵周期、气温、季节变化、配糟质量、水分而定。通常成品根霉曲中配 1.0 亿 –1.5 亿／克曲，混匀既可。

**（二）酿酒工艺特点**

原料：以本地糯高粱为原料，以配糟或者稻壳为辅料。

糖化发酵剂：纯种根霉小曲。

发酵设备：水泥池或小坛。

发酵时间：5 ~ 7 天。

工艺特点：润粮采用"双水泡粮法"工艺（即将高粱进行两次浸泡），蒸粮要求达到"柔熟、皮薄、阳水轻、全甑均匀翻花少"，固态发酵、清蒸清烧、发酵要求坚持"嫩箱"、"低温"、"紧桶"、"快装"的八字操作经验。

**（三）产品口感特征**

无色透明、清香纯正、酒体柔和、回甜爽净、糟香突出、纯净怡然。

下面以云南玉林泉为例。

**（一）酿酒工艺特点**

原料：北方糯高粱。

糖化发酵剂：根霉小曲。

发酵设备：水泥池。

发酵时间：35 天。

工艺特点：采用整粒高粱固态糖化，用曲量小，固态发酵，固态蒸馏，量质摘酒，分级储存，经降度处理后勾调而成。

**（二）产品口感特征**

清澈透明、清香幽雅纯正、口味醇厚、甘洌净爽、回味较长。

### （三）云南小曲白酒与川法小曲白酒工艺上的区别

1. 原料糊化过程虽大体一致，但具体工序仍有一定的差别，川法小曲酒的糊化时间相对要短一些；

2. 用曲量与下曲次数也不同；

3. 发酵工艺有根本性的区别：云南小曲酒用小罐发酵，不产黄水，不掺谷壳，配槽量小，发酵时间长达 35 天；而川法小曲酒是入池发酵，产黄水，配糟量大，掺谷壳，发酵时间仅为 5 ~ 7 天。

### （四）清香型白酒品评

1. 色泽上，无色透明；

2. 主体香气以乙酸乙酯为主、乳酸乙酯为辅的清雅，纯正的复合香气。类似酒精香气，但细闻有幽雅、舒适的香气，没有其他杂香；

3. 由于酒度较高，入口后有明显的辣感且较持久，但刺激性不大（这主要是与爽口有关）；

4. 口味特别净，质量好的清香型白酒没有杂香；

5. 尝第二口后，辣感明显减弱，甜味突出了，饮后有余香；

6. 酒体突出清、爽、绵、甜、净的风格特征。

## 2.4　米香型白酒

亦称蜜香型，以大米为原料小曲作糖化发酵剂，经半固态发酵酿成。其主要特征是：蜜香清雅、入口柔绵、落口爽洌、回味怡畅。以桂林三花酒为典型代表。

下面以桂林三花酒为例。

### （一）酿造工艺特点

原料：当地优质大米。

糖化发酵剂：小曲（米曲）。

发酵设备：地缸或不锈钢大罐。

发酵时间：7天。

工艺特点：以小曲（米曲）为糖化发酵剂，配以中草药，采用固态堆积培菌糖化后加水液态发酵的独特工艺酿制、釜式蒸馏而成。原酒在桂林冬暖夏凉的石山岩洞里存放 1 ~ 2 年，让它缓慢酯化后调配包装出厂。

### （二）产品口感特征

无色透明，蜜香清雅，入口柔绵，落口爽洌，回味怡畅。

摇动酒瓶时，酒液面上泛起晶莹如珠的酒花。这种酒入坛要堆花，入瓶要堆花，入杯也要堆花，故名"三花酒"。

### （三）米香型白酒品评要点

1. 色泽上，无色透明；

2. 闻香以乳酸乙酯和乙酸乙酯及适量的 β - 苯乙醇为主体的复合香气为主体香气，β - 苯乙醇的香气明显；

3. 口味特别甜，有发闷的感觉，但柔和、刺激性小；

4. 回味怡畅，后味爽净，但较短。

## 2.5  凤香型白酒

香与味、头与尾谐调一致，属于复合香型的大曲白酒，酒液无色、清澈透明、入口甜润、醇厚丰满，有水果香，尾净味长，为喜饮烈性酒者所钟爱。以陕西西凤酒为典型代表。

下面以陕西西凤酒为例。

### （一）制曲工艺特点

以大麦、豌豆制成中高温曲（58℃ ~ 60℃），热曲最高温度为60℃。选用清香大曲的制曲原料而采用高温培曲工艺，这就使西凤大曲独创一格，具有清芬、浓郁的曲香，集清香型、浓香型大曲的优点于一身。

### （二）酿酒工艺特点

原料：优质高粱。

糖化发酵剂：中高温大曲。

发酵设备：泥窖池。

发酵时间：28 ～ 30 天。

工艺特点：混蒸混烧、续渣老五甑制酒工艺，入窖温度稍高，发酵期短，泥窖池固态发酵（一年一度换新泥），采用酒海（用当地荆条编成的大篓，内壁糊以麻纸，涂上猪血等物）贮存，贮存三年，精心勾调而成。

产品口感特征：兼有清香和浓香风格，风格独特，"酸、甜、苦、辣、香"五味俱全，且诸味谐调，酒液清澈透明，醇厚丰满，醇香秀雅、甘润挺爽，有水果香，回味舒畅、尾净悠长，色香味兼佳。

### （三）凤香型白酒品评要点

1. 色泽上，无色透明；

2. 闻香以醇香为主，有乙酸乙酯为主、乳酸乙酯为辅的复合香气；

3. 入口后有挺拔感，感觉香气挥发快；

4. 酸、甜、苦、辣、香五味俱全，诸味谐调浑然一体，饮后回甜好；

5. 西凤酒既不是清香，也不是浓香，如在清香型酒中品评，就要找它含有己酸乙酯的特点；反之，如在浓香型酒中品评，就要找它乙酸乙酯远远大于己酸乙酯的特点。

## 2.6　豉香型白酒

以大米为原料，小曲为糖化发酵剂，半固态法发酵酿制而成。以广东玉冰烧、九江双蒸酒为典型代表。

下面以广东玉冰烧为例。

### （一）酿酒工艺特点

原料：大米。

糖化发酵剂：小曲（以米饭、黄豆、酒饼叶和小曲母所制成的大酒饼为糖化发酵剂）。

发酵设备：地缸、罐。

发酵时间：10 ~ 15 天。

工艺特点：经陈化处理的肥猪肉浸泡。

### （二）产品口感特征

玉洁冰清、豉香独特、醇和甘滑、余味爽净。

### （三）豉香型白酒品评要点

1. 色泽清亮透明；

2. 闻香，突出豉香，有特别明显的油哈味；

3. 酒度低，但酒的后味长。


## 2.7　芝麻香型白酒

以焦香、糊香气味为主，无色，清亮透明，口味比较醇厚爽口，是新中国成立后两大创新香型之一，另一大创新香型就是兼香型。芝麻香型白酒最早源于传统大曲白酒景芝白干，随着研究工作的不断深入，逐渐形成了大曲、河内白曲、生香酵母、细菌混合使用、协同发酵的工艺特点，这是传统工艺与现代科技相结合的产物。以山东景芝白干、山东扳倒井为典型代表。

下面以山东景芝白干为例。

### （一）酿酒工艺特点

原料：纯高粱。

糖化发酵剂：中温曲。

发酵设备：泥底砖窖。

发酵时间：29 天。

工艺特点：采用单粮发酵方式，以纯小麦制成的中温曲作为糖化发酵剂，采用大曲续渣发酵工艺、砖池跑窖发酵工艺，机械化操作、混蒸混烧、冷水加浆，发酵期短，以陶坛为贮酒容器。

**（二）产品口感特征**

清澈透明或微黄透明，芝麻香突出，清冽纯净、绵软醇厚、回味爽怡。

**（三）芝麻香型白酒品评要点**

1. 色泽清澈透明或微黄透明；

2. 闻香以芝麻香的复合香气为主，以清香加焦香的复合香气为辅，类似普通白酒的陈味；

3. 入口后焦煳香味突出；

4. 细品有类似芝麻香气（近似醅炒芝麻的香气），后味有轻微的焦香，口味醇厚爽净，后味稍有苦味。

# 2.8　特香型白酒

以大米为原料，富含清、浓、酱复合香气，香味谐调，余味悠长。以江西四特酒为典型代表。

下面以江西四特酒为例。

**（一）制曲工艺特点**

以面粉、麸皮、酒糟按一定比例（冬春 43 ： 46 ： 11，夏秋 42 ： 47 ： 10）混拌，经下料、装盒、打曲成型后送入曲房培养，曲坯入房后要保持发酵良好，按时做好曲坯的保潮、排潮、保温、散热工作，

曲坯培养必须经过上霉、晾霉、潮火、大火、后火五个阶段，最高发酵品温不超过 55℃，发酵好后（要求 20 ～ 28 天以上，水分 ≤ 16%），即可出房，入库储存。

**（二）酿酒工艺特点**

原料：当地大米。

糖化发酵剂：大曲（面粉、麸皮加酒糟制成）。

发酵设备：红褚条石窖。

发酵时间：45 天。

工艺特点：采用江西特产质地疏松的红条石砌成发酵窖池，水泥勾缝，仅在窖底及封窖用泥；发酵周期 45 天，汲取深井泉水。其他工艺操作基本上和混蒸续糟浓香型大曲酒相同，如久贮陈酿，精心勾调等。

**（三）产品口感特征**

酒色清亮，酒香芬芳，酒味醇正，酒体柔和，清、浓、酱三香谐调，香味悠长。

**（四）特香型白酒品评要点**

1. 清香带浓香是主体香，细闻有焦煳香；

2. 入口类似庚酸乙酯香味突出，有刺激感；

3. 口味较柔和（与酒度低、加糖有关），有黏稠感，糖的甜味很明显；

4. 口味欠净，稍有糟味。清、浓、酱香白酒特征兼具。

# 2.9　兼香型白酒

以谷物为主要原料，经发酵、贮存、勾调酿制而成，酱浓谐调、细腻丰满、回味爽净、幽雅舒适、余味悠长。由于地域、工艺等差异性的客观性，兼香型白酒形成了酱中带浓、浓中带酱两种不同的风格流派。以湖北白云边（酱中带浓）、黑龙江玉泉酒（浓中带酱）为典型代表。

下面以湖北白云边为例。

### （一）制曲工艺特点

以优质纯小麦为原料，分别按高温曲和中温曲的工艺要求组织生产，在制酒过程中结合使用。

高温曲的控制温度为 65℃，经润麦、磨碎、加母曲和水拌料（加水量为原料的 38% ~ 42%）、踩曲、晾曲等工艺后进行高温培养，在培养时使用大量的稻草进行保温和保潮。

中温曲的控制温度为 55℃，润麦、磨碎、拌料、踩曲、晾曲等操作工艺与高温曲大体相同，只是在拌料时不加母曲，只加水，加水量比高温曲略少。

### （二）酿酒工艺特点

原料：优质高粱。

糖化发酵剂：大曲。

发酵设备：水泥底泥窖。

发酵时间：九轮次定期发酵，每轮发酵 30 天。

工艺特点：采用一次清蒸投料，二次混蒸配料，三次混蒸混烧，高比例用曲，用曲量 100%，高温堆积，采用人工老窖增香、混蒸续渣、泥窖发酵、分轮分层、回酒发酵、量质摘酒等技术措施，并将原酒放入陶坛长期储存（3 ~ 5 年）以提高原酒质量。

### （三）产品口感特征

清亮透明（微黄）、醇厚丰满、细腻圆润、芳香、幽雅、舒适、细腻丰满、酱浓谐调、余味爽净、回味悠长。

### （四）兼香型白酒（酱中带浓）品评要点

1. 闻香以酱香为主，略带浓香；

2. 入口后，浓香也较突出；

3. 口味较细腻、后味较长；

4. 在浓香酒中品评，其酱味突出；在酱香型酒中品评，其浓香味突出。

下面以黑龙江玉泉酒为例。

**（一）酿酒工艺特点**

原料：高粱。

糖化发酵剂：中温曲。

发酵设备：水泥池、泥窖并用。

发酵时间：浓香型发酵 60 天，酱香型发酵 25 天。

工艺特点：高温润粮，堆积增香，混蒸续渣，泥窖发酵；工艺为两步法生产、即采用酱香、浓香分型发酵产酒、半成品酒各定标准，分型贮存、勾调（按比例勾调成兼香型白酒）。

**（二）产品口感特征**

清亮透明（微黄）、醇甜柔和，回甜爽净，浓香带酱香，酱不露头，淡雅舒适，诸味协调，口味细腻，余味爽净。

**（三）兼香型白酒（浓中带酱）品评要点**

1. 闻香以浓香为主，带有明显的酱香；

2. 入口绵甜、较甘爽；

3. 浓、酱协调，后味带有酱味；

4. 口味柔顺、细腻。

# 2.10 药香型白酒

清澈透明、香气典雅、浓郁甘美、略带药香、自然谐调、醇甜爽口、后味悠长。以贵州董酒为典型代表。

下面以贵州董酒为例。

**（一）制曲工艺特点**

采用大小曲两种工艺，以小麦为制

大曲原料，加入 40 种中药材；以大米为制小曲原料，加入 95 种中药材。将小麦和大米粉碎成粉状，分别加入 5% 中药粉，经接种（小麦粉接种大曲粉 2%，大米粉接种小曲粉 1%）、加水（原料量的 50% ~ 55%）、拌匀、制坯后，分别将大、小曲坯放入垫有稻草的木箱中进行低温培养，大曲培菌温度最高达 44℃，小曲培菌温度最高达 37℃，总培曲期为 14 天，培养期间视情况进行翻箱、揭汗，调节发酵品温。

### （二）酿酒工艺特点

原料：高粱。

糖化发酵剂：大小曲。

发酵设备：泥窖。

发酵时间：10 个月。

工艺特点：以大曲和小曲为糖化发酵剂，配以中药材，采用大曲制香醅、小曲制高粱酒醅的特殊串蒸法酿造工艺，窖泥采用当地的白泥和石灰、洋桃藤浸泡汁拌和而成，涂抹窖壁，使得发酵池偏碱性。香醅的配料是由高粱糟、董酒糟、未蒸过的香醅三部分加大曲组成，发酵周期长达 10 个月，分段摘酒，分级储存 2 ~ 3 年，精心勾调包装而成。

### （三）产品口感特征

药香突出，香气典雅，带有丁酸以及丁酸乙酯的复合香气，酸甜味适中，香味谐调，尾净味长。

### （四）药香型白酒品评要点

1. 色泽上，清澈透明；

2. 香气浓郁，酒香、药香谐调，舒适；

3. 入口丰满，有根霉产生的特殊香味；

4. 后味长，稍带有丁酸及丁酸乙酯的复合香味，后味稍有苦味；

5. 酒的酸度高、明显；

6. 董酒是大、小曲并用的典型，而且加入几十种中药材，故既有大曲酒的浓郁芳香、醇厚味长，又有小曲酒的柔绵、醇和回甜的特点，且带有舒适的药香、窖香及爽口的酸味。

## 2.11　老白干香型白酒

以酒色清澈透明、醇香清雅、甘洌挺拔、诸味协调而著称。以衡水老白干为典型代表。

下面以衡水老白干为例。

**（一）酿酒工艺特点**

原料：高粱。

糖化发酵剂：中温大曲。

发酵设备：地缸。

发酵时间：28 ～ 30 天。

工艺特点：衡水老白干采用纯小麦踩制的中温大曲为糖化发酵剂，以精选的高粱为主料，采用老五甑混蒸混烧、续茬法生产工艺，地缸发酵，混蒸流酒，分段摘酒，分级贮存，精心勾调而成，具有发酵期短、产酒率高和贮存期短等特点。续茬混烧增加了淀粉的利用率，提高了出酒率，蒸粮蒸酒同时进行，这样增加了酒中的粮香。

**（二）产品口感特征**

无色或微黄透明，醇香清雅，酒体谐调，醇厚挺拔，回味悠长。

**（三）老白干香型白酒品评要点**

1. 香气是以乳酸乙酯和乙酸乙酯为主体的复合香气，谐调、清雅、微带粮香，香气宽；

2. 入口醇厚，不尖、不暴，口感很丰富，又能融合在一起，这是突出的特点，回香微有乙酸乙酯香气，有回甜。

## 2.12 馥郁香型白酒

清亮透明，芳香秀雅，绵柔甘冽，醇厚细腻，后味怡畅，香味馥郁，酒体净爽。以湖南（湘西）酒鬼酒为典型代表。

下面以湖南酒鬼酒为例。

**（一）制曲工艺特点**

酒鬼酒大曲以小麦为制曲原料，制曲最高温度为 57℃ ~ 62℃。采用立体制曲工艺，即地面与架子相结合的方式。由于培养方式的不同，大曲中微生物生长环境也不同，从而大曲中的微生物种类与量比及曲香成分都有差别，这也是形成酒鬼酒独特风格的原因之一。

**（二）酿酒工艺特点**

原料：高粱、大米、糯米、小麦、玉米。

糖化发酵剂：根霉曲和中高温大曲。

发酵设备：泥窖。

发酵时间：30 ~ 60 天。

工艺特点：以优质高粱、大米、糯米、小麦、玉米为原料，以根霉曲和中高温大曲为糖化发酵剂，采用区域范围内的三眼泉水和地下水为酿造、加浆用水，采用多粮整颗粒原料（玉米粉碎）、粮醅清蒸清烧、根霉曲多粮糖化、大曲续糟发酵、窖泥提质增香、天然洞藏储存、精心组合勾调。

**（三）产品口感特征**

清亮透明，芳香秀雅，绵柔甘冽，醇厚细腻，后味怡畅，香味馥郁，酒体净爽。

**（四）馥郁香型白酒品评要点**

1. 闻香浓中带酱，且有舒适的芳香，诸香谐调；

2. 入口有绵甜感，柔和细腻；

3. 余味长且净爽。

# 第3章 中国白酒的企业代表

　　本章以中国白酒历届国家级评比中第一届评出的四大名酒、第二届评出的老八大名酒和第三届评出的新八大名酒共计十家中国知名酒企（其中泸州老窖、贵州茅台和山西汾酒这三家是唯一蝉联五届中国名酒的酒企，也是中国最古老的"四大名酒"）作为切入点，图文并茂地讲述了其品牌、历史、文化、资源及奇闻逸事等内容，旨在让广大读者对中国白酒有一个更具体、更形象的认识和了解。

## 3.1 浓香·泸州老窖

**（一）品牌**

泸州老窖源远流长，是中国浓香型白酒的发源地，最古老的"四大名酒"之一，以众多独特优势在中国酒业独树一帜。拥有中国建造最早（始建于公元 1573 年）、连续使用时间最长、保护最完整的 1573 国宝窖池群，1996年 12 月经国务院批准为行业首家"全国重点文物保护单位"，2006 年被国家文物局列入"世界文化遗产预备名录"。"泸州老窖酒传统酿制技艺"作为川酒和中国浓香型白酒的唯一代表，于 2006 年 5 月入选首批"国家级非物质文化遗产名录"，成为行业首家拥有文化遗产"双国宝"的企业。

国窖 1573 是泸州老窖系列酒的形象产品，源于建造于明朝万历年间（即公元 1573 年）的"国宝窖池"，1996 年 12 月，国务院下令将泸州老窖股份有限公司拥有的泸州 400 年以上窖龄的窖池群，评定为"国家级重点文物保护单位"，予以保护。这是迄今为止全国酿酒行业唯一一项仅有的殊荣。"国窖"也因此而得名。该窖池群是中国现存持续使用时间最长、保存最完整的原生古窖池群落，是酿酒史上的"活文物"，堪称"世界酿酒奇迹"。

1999 年 9 月 9 日特别酿制的 1999 瓶 1999ml 国窖 1573，其中的 0003 号

与 0002 号分别被澳门特首何厚铧、香港特首董建华私人收藏，其 0001 号将指定送给台湾回归大陆后的首任行政长官。

该酒品也多次登上央视，例如央视的广告以及 2010 年春晚，赵本山的小品《捐助》当中，孙丽荣给赵本山送的酒品就是国窖 1573。

国窖 1573 采用蒸馏酒酿造工艺，酒质无色透明、窖香优雅、绵甜爽净、柔和协调、尾净香长，风格典型。包装基座以金色五星蕙芷为装饰，呈现传统玉玺造型，外盒由大面积国旗正红为铺设，酒瓶采用国窖 1573 德国水晶玻璃烧制，瓶身与外盒有象征国土面积的五星 960 颗，"1573"字样以纯金压边。2001 年获钓鱼台国宾馆指定为国宴用酒。2002 年获国家原产地标准质量认证。

对中国（固态）蒸馏酒来说，发酵窖池的使用年龄（通称为"窖龄"），对酒品的老熟程度和香味水平起着决定性的作用。酿酒窖池使用的时间愈长，其形成的微生物环境愈出色，而这个微生物环境是酝酿发酵出优质酒化学反应的基础。这种特殊的、专为酿酒所形成的微生物环境，需要长期不间断地培养，加之特殊地质、土壤、气候条件等等，方能形成真正的"老窖"。

比较起来，最困难的是保持并延续窖池的使用年龄（即窖龄），一般来说，和平发展时期，百业兴旺，生活富足，酒类需求增长，便会出现大批新兴酿酒作坊。如果遇到自然灾害、作坊倒闭、雇工叫歇等因素，很容易造成窖池闲置或破坏，而酿酒窖池的闲置，将直接导致所产基酒品质的低下。因此，窖池真正的长期连续使用，非惟人力，亦赖天时。

于是泸州老窖股份有限公司将这一国窖精心酿造的鉴赏级白酒产品命名为："国窖1573"。

### （二）历史

泸州地处巴蜀，泸州老窖的历史，与源远流长的巴蜀酒文化密切相关。无论是黄河文明还是长江文明，都是中华五千年文明的重要源头。而三星堆文化遗址的时间上限为4800年前，与众多巴蜀文化遗存相互印证，也为泸州老窖的发展历史寻到了直接的源头。另据学者研究，古代巴蜀盛行"撒满文化"，巫师以酒精性饮料使自己处于麻醉状态，以便与天神交接。我们从中不难看出古代巴蜀酒文化的早熟、繁荣以及特有风姿。

泸州古称江阳，酿酒历史久远，自古便有"江阳古道多佳酿"的美称。泸州老窖酒的酿造技艺便发源于古江阳，是在秦汉以来的川南酒业发展这一特定历史时空氛围下，逐渐孕育，兴于唐宋，并在元、明、清三代得以创制、雏形、定型及成熟的。两千年来，世代相传，形成了独特的、举世无双的酒文化。

泸州地区出土的陶制饮酒角杯，系秦汉时期器物，可见秦汉已有酿酒。蜀汉建兴三年（公元225年）诸葛亮出兵江阳忠山时，使人采百草制曲，以城南营沟头龙泉水酿酒，其制曲酿酒之技流传至今。

宋代时酒业较为兴盛，熙宁年间酒课为"一万贯以下"。泸州以盛产糯米、高粱、玉米著称于世，酿酒原料十分丰富，据《宋史食货志》记载，泸州等地酿有小酒和大酒，"自春至秋，酤成即鬻，谓之小酒。腊酿蒸鬻，候夏而出，谓之大酒"。这种小酒当年酿制，无须（也不便）贮存。所谓"大酒"，就是一种蒸馏酒，从《酒史》的记载可以知道，大酒是经过腊月下料，采取蒸馏工艺，从糊化后的高粱酒糟中烤制出来的酒。而且，经过"酿"、"蒸"出来的白酒，还要储存半年，待其自然醇化老熟，方可出售，即史称

"侯夏而出"，这种施曲蒸酿、储存醇化的"大酒"在原料选用、工艺操作、发酵方式以及酒的品质方面都已经与泸州浓香型曲酒非常接近，可以说是今日泸州老窖大曲酒的前身。文人墨客留有赞酒诗文，黄庭坚曰："江安食不足，江阳酒有余。"唐庚曰："百斤黄鲈脍玉，万户赤酒流霞。余甘渡头客艇，荔枝林下人家。"杨慎曰："江阳酒熟花似锦，别后何人共醉狂"，又曰："泸州龙泉水，流出一池月。把杯抒情怀，横舟自成趣。"张船山曰："城下人家水上城，酒楼红处一江明。衔杯却爱泸州好，十指寒香给客橙。"宋代的泸州设了六个收税的"商务"机关，其中一个即是征收酒税的"酒务"。

元、明时期，泸州大曲酒已初步成型，据清《阅微堂杂记》记载，元代泰定元年（公元1324年）的郭怀玉酿制出了第一代泸州老窖大曲酒。明代洪熙元年（公元1425年）的施进章研究了窖藏酿酒。明代万历十三年（公元1586年）泸州大曲酒工艺初步成型，《泸县志》载："酒，以高粱酿制者，曰白烧。以高粱、小麦合酿者，曰大曲。"

公元1573年，即明代万历元年，明代第14位皇帝朱翊均（神宗）登基改元，一位叫舒承宗的泸州人，选址泸州南城营沟头一处泥质适合做酒窖的地方，以珍藏万年酒母、曲药入池，附近的"龙泉井"水清洌甘甜，与窖泥相得益彰，遂开设酒坊，试制曲酒，开创了余韵至今的浓香型白酒。这就是泸州的第一个酿酒糟坊——舒聚源糟坊，该糟坊窖池即今日泸州老窖的国宝窖池，它是利用前期以酒培植窖泥，后期以窖泥养酒的相辅相成的关系，使微生物通过酒糟层层窜入酒体中而酿造出净爽、甘甜、醇厚、丰满的泸州老窖酒。乾隆二十二年（公元1757年）增建4个酒窖，其大曲酒脍炙人口。编年史载，泸州老窖也从此开始形成规模酿酒窖池群。

在445年（公元1573-2018年）中，这些窖池一直在年复一年地发酵，这一点，在酿造工艺上具有重大意义和使用价值——中国发明（固态）蒸馏酒工艺后，蒸馏酒的味觉质量基础，主要依靠发酵窖池，这也是中国蒸馏酒与威士忌、白兰地（世界另两大蒸馏酒）在酿造工艺上最明显的不同之处，后者依靠存放（橡木桶）老熟，而中国蒸馏酒的老熟与生香主要在窖池发酵过程中完成。

酿酒世家温氏家族，其祖籍发源于河南焦作市温县，南北朝间因战乱南迁至广东梅州；明末清初，清政府组织"两湖两广填四川"，温氏家族于1729年举家迁徙至四川泸州，其后代酿酒为生，生意蒸蒸日上。

舒家在经营"舒聚源"数代之后，家道中落。同治八年（公元1869年），温家第九代传人温宣豫买下所有窖池，将"舒聚源糟坊"更名为"豫记永盛烧坊"，自此"永盛烧坊"正式诞生，有大曲酒窖10个，其中6个建于公元1650年左右，4个建于公元1750年左右。"永盛"是字号，寓意永远繁荣昌盛；"烧坊"是酿酒的作坊，"永盛烧坊"代表着温宣豫希望温氏家族的酒坊永远繁荣昌盛。"豫记"代表温氏家族不敢忘记祖先，不敢忘记祖籍在河南。

清末白烧酒糟户达600余家，民国以来减至三百余家矣。大曲糟户十余家，窖老者，尤清冽，以温永盛、天成生最为有名。

1915年，温氏第十一代传人温翰桢（字筱泉）继承祖业，以个人名号改"豫记"为"筱记"，定名为"筱记永盛烧坊"。1915年美国旧金山举办巴拿马万国博览会，以庆祝巴拿马运河开航，温筱泉精选出几十斤"三百年老窖大曲酒"参展，一举获得金奖。自此，"筱记永盛烧坊"成为中国白酒享誉海外第一坊，温家成为海内外公认的中国第一酿酒世家。这就是泸州老窖1915年巴拿马金奖的来源。

泸州老窖特曲酒作为浓香型大曲酒的典型代表，以"醇香浓郁，清冽甘爽，饮后尤香，回味悠长"的独特风格闻名于世。不仅在1915年获巴拿马万国博览会"金奖"，还在历届中国白酒国家级评比（全国评酒会）中，均获得金奖"中国名酒"的称号。

泸州老窖酒的酿造，集天地之灵气，聚日月之精华，贯华夏之慧根，酿人间之琼浆。其施曲蒸酿，贮存醇化之工艺，不仅开中国浓香型白酒之先河，更是中国酿酒历史文化的丰碑。

1949年后，泸州有酒坊36家，国家对工商业实施公私合营。1951年至1952年间，组成春和荣、温永盛、定记、曲联四个联营酒社，联合12家作坊继续生产。1952年以金川酒厂为主吸收未参加联营的17户酒坊成立四川省专卖公司国营第一曲酒厂。1955年，将四个联营酒社合并成立公私合营酒厂，其第一曲酒厂改为地方国营酒厂。1960 年，两厂以"温永盛烧坊"为首合并组建成"公私合营泸州市曲酒厂"，即现在泸州老窖股份有限公司的前身。1990 年变更为现在的厂名。1952 年按泸州老窖大曲酒产品在风格上的细微差异进行分级，分为特曲、头曲、二曲、三曲，其品级最高的为特曲酒，也是出口的泸州老窖大曲酒，如今已是泸州老窖的经典之作。

泸州老窖特曲酒的主要原料是当地的优质糯高粱，用小麦制曲，大曲有特殊的质量标准，酿造用水为龙泉井水和沱江水，酿造工艺是传统的混蒸连续发酵法。蒸馏得酒后，再用"麻坛"贮存一两年，最后通过细致的评尝和勾调，达到固定的标准方能出厂，保证了老窖特曲的品质和独特风格。

此酒无色透明，窖香浓郁，清洌甘爽，饮后尤香，回味悠长。具有浓香、醇和、味甜、回味长的四大特色，酒度有 38 度、52 度和 60 度三种。

### （三）文化

企业哲学：天地同酿，人间共生。

企业精神：敬人敬业，创新卓越。

企业哲学口号：与社会同行，与环境相依，与人类共存。

企业使命：凡华人之所到，品味泸州老窖。

企业愿景：做中华酒业巨子，成中华酒文化旗手。

核心价值观：传承文化，持续创新，专注客户，创造财富。

公司管理原则：人本化管理与数字化管理相结合。

人力资源管理观：人才是资本，有为必有位。

营销管理观：客户中心论。

研发管理观：以市场为导向，构建四个一流，塑造四种力量，实现一个转变。

生产管理观：传承祖法，酿酒大家。

质量管理观：让中国白酒的质量看得见。

环保管理观：幸福生活源于绿色生产。

安全管理观：安全健康快乐。

社会责任观：文化创造价值，和谐促进发展。

### （四）六大资源

#### 地——北纬 28°，中国酿酒龙脉

泸州，北纬 28°，冬暖、春早、夏热、秋雨，空气温润，四季分明。在长江和沱江交汇处的滋润中，这里有白酒酿造应具备的一切环境条件：气候、水质、微生物资源。

#### 窖——1573 国宝窖池群

1573 国宝窖池群自公元 1573 年（明朝万历元年）起持续酿造至今，440 余年从未间断过，1996 年被国务院评定为"全国重点文物保护单位"。窖池中的泥土是微生物的生存环境，在粮食发酵的过程中，酒糟中的有效成分和营养物质能滋养出大量的酿酒微生物，而这些微生物又是以发酵生香菌为主，窖池使用越久，微生物越多，它们赋予粮食的香气和味道也越芬芳，所以酒糟和窖泥中的微生物就相辅相成，使得越老的窖池酿出的美酒越醇香。

艺——传承超过 23 代的国宝酿酒技艺

泸州老窖第一代大曲酒由元代（公元 1324 年）郭怀玉酿制而成，该项酿酒技艺传承至今已超过 690 年，超过 23 代，2006 年入选首批"国家级非物质文化遗产名录"。

### 水——酿泉为酒，泉香而酒洌

泸州凤凰山下的龙泉井，井水四季常满，清洌微甘，为凤凰山地下水与泉水的混合，其水质对酵母菌的生长繁殖和酶代谢起到了良好的促进作用，特别是能促进酶解反应，是美酒酿造的上乘之选。

### 粮——有机原粮产地

作为"浓香鼻祖"及浓香型白酒标准的制定者，为了坚持浓香型白酒的"纯正血统"，泸州老窖一直采用单粮酿造，选用仅产于川南的有机糯红高粱作为唯一的酿酒原粮。2008年，国窖1573成功通过国家有机认证，成为中国首个获得国家"有机食品"认证的浓香型白酒。

### 洞——7公里天然藏酒洞

泸州老窖拥有长达7公里的三大天然藏酒洞——纯阳洞、醉翁洞、龙泉洞。洞内终年不见阳光，空气流动极为缓慢，温度常年保持在20℃左右，相对湿度常年保持在85%左右，恒温恒湿、微生物种群丰富的环境为白酒酒体的酯化、老熟提供了优质的场所，有助于酒体实现从新酒的"极阳"状态转化为陈酒的"阴阳平衡"状态。

### （五）奇闻逸事

我们常能听到一句俗语"酒好不怕巷子深"，尽管随着社会的发展，特别是在市场经济条件下，当供大于求时，"酒好不怕巷子深"已不合时宜，"酒好"还得"吆喝好"，这样才能受人瞩目、广为流传，但这句俗语已传遍大江南北。要想追溯这句俗语的根源，还得回到泸州老窖国宝窖池边。在泸州老窖国宝窖池所在地泸州南城营沟头，在明清时代有着一条很深很长的酒巷。酒巷附近有八家手工作坊，据说泸州最好的酒就出自这八家。其中，酒巷尽头的那家作坊因为其窖池建造得最早，所以，在八家手工酿酒作坊中最为有名。人们为了喝上好酒，都要到巷子最里面那一家去买。据说在 1873年的时候，中国洋务运动的代表张之洞出任四川的学政，他沿途饮酒作诗来到了泸州，刚上船就闻到一股扑鼻的酒香。他心旷神怡，就让仆人给他打酒来。谁知仆人一去就是一个上午，时至中午，张之洞等得又饥又渴，才看见仆人慌慌张张抬着一坛酒一路小跑而来。正在生气之间，仆人打开酒坛，顿时酒香沁人心脾，张之洞连说好酒、好酒，猛饮一口，顿觉甘甜清爽，于是气也消了，问他从哪里打来的酒。仆人连忙回答，他听说营沟头温永盛作坊里的酒最好，所以他倒拐拐，走弯弯，穿过长长的酒巷到了最后一家温永盛作坊里买酒。张之洞点头微笑：真是酒好不怕巷子深啊。温永盛是泸州老窖在清代的商标名，明代叫舒聚源，舒家经历了 8 代，最后舒家搬迁了，才把窖池卖给了温家。温家经历了 14 代，所以，泸州老窖在明清两代有着 22 个掌门人历史，直到后来的公私合营。如今，那条弯曲的酒巷也修建成宏伟的国窖广场，但"酒好不怕巷子深"的故事却从这里飞出，伴着泸州老窖的酒香，香透了整个中国名酒历史。

## 3.2 酱香·茅台

**（一）品牌**

茅台酒独产于中国贵州省遵义市仁怀市茅台镇，是中国的传统特产酒。它是与苏格兰威士忌、法国科涅克白兰地齐名的世界三大蒸馏名酒之一，同时也是中国三大高端白酒"一茅五"（国窖 1573、贵州茅台酒和五粮液）之一，也是大曲酱香型白酒的鼻祖，蝉联五届全国评酒会"中国名酒"称号，是中国最古老的四大名酒之一，至今已有 800 多年的历史。

2017 年 3 月 15 日期间，贵州茅台集团发布公告公示称，只有"贵州茅台酒股份有限公司"生产的贵州茅台酒才能称之为茅台酒。另外，市场常见的"茅台内供酒"、"国务院机关事务管理局机关服务局专用酒"、"部队特供酒"等均属假冒侵权产品。2017 年 6 月 6 日，《2017 年 BrandZ 最具价值全球品牌 100 强》公布，茅台名列第 64 位。

**（二）历史**

史载：枸酱酒之始也。据传远古大禹时代，赤水河的土著居民——濮人，已善酿酒。汉代，今茅台镇一带有了"枸酱酒"。《遵义府志》载：枸酱，酒之始也。司马迁在《史记》中记载，公元前 135 年，唐蒙出使南越，曾专程绕道取此酒归长安献与武帝饮而"甘美之",成为茅台酒走出深山的开始。唐宋以后,更逐渐成为历代王朝贡酒,通过南丝绸之路,传播到海外。到了清代,茅台镇酒业兴旺,"茅台春"、"茅台烧春"、"同沙茅台"等名酒声名鹊起。"华茅"就是现在的茅台酒的前身。1704年,"偈盛烧房"将其产酒正式定名为茅台酒。

1949年前,茅台酒生产凋敝,仅有三家酒坊,即:华姓出资开办的"成义酒坊",称之"华茅";王姓出资建立的"荣和酒房",称之"王茅";赖姓出资办的"恒兴酒坊",称"赖茅"。1951年,政府通过赎买、没收、接管的方式将成义(华茅)、荣和(王茅)、恒兴(赖茅)三家私营酿酒作坊合并,实施三茅合一政策——国营茅台酒厂成立。

### (三)文化

酿制茅台酒的用水主要是赤水河的水。赤水河水质好,用这种入口微甜、无溶解杂质的水经过蒸馏酿出的酒特别甘美。故清代诗人曾有"集灵泉于一身,汇秀水东下"的咏句赞美赤水河。茅台镇还具有极特殊的自然环境和气候条件。它位于贵州高原最低点的盆地,海拔仅440米,远离高原气流,终日云雾密集。夏日持续35℃~39℃的高温期长达5个月,一年有大半时间笼罩在闷热、潮湿的雨雾之中。这种特殊气候、水质、土壤条件,对于酒料的发酵、熟化非常有利,同时也部分地对茅台酒中香气成分的微生物产生、精化、增减起了决定性的作用。可以说，如果离开这里的特殊气候条件，酒中的有些香气成分就根本无法产生，酒的味道也就欠缺了。它的味道具有酱香突出、幽雅细腻、酒体醇厚丰满、回味悠长、空杯留香持久的特点。

茅台酒的传统制作方法，只有在茅台镇这块方圆不大的地方去做，才能造出这精美绝伦的好酒。茅台酒厂区建于赤水河上游，水质好、硬度低、微量元素含量丰富，且无污染。峡谷地带微酸性的紫红色土壤，冬暖夏热、少雨少风、高温高湿的特殊气候，加上千年酿造环境，使空气中充满了丰富而独特的微生物群落。

茅台酒的高质量多年保持不变。全国评酒会对贵州茅台酒的风格作了"酱香突出，幽雅细腻，酒体醇厚，回味悠长"的概括。它的香气成分达110多种，饮后的空杯，长时间余香不散。有人赞美它有"风味隔壁三家醉，雨后开瓶十里芳"的魅力。茅台酒香而不艳，它在酿制过程中从不加半点香料，香气成分全是在反复发酵的过程中自然形成的。它的酒度一直稳定在52°～54°之间，曾长期是中国名优白酒中度数最低的。具有"喉咙不痛、不上头、能消除疲劳、安定精神"等特点。

装茅台酒用的酒瓶，最初是用本地生产的缸瓮，从清朝咸丰年间起，改用底小、口小、肚大的陶质坛形酒瓶，有装0.5公斤、1公斤和1.5公斤的型号。后曾一度改为微扁长方形酒瓶。1915年以后，改用圆柱形、体小嘴长的黄色陶质釉瓶。1949年后，才改为白色陶瓷瓶和人们见到的乳白色避光玻璃瓶，古色古香，朴实大方。

茅台酒的商标，最初用木刻印刷，只是在一个花瓣形的图案内，书写"贵州省茅台酒"几个楷书字样而已。后来才改为连史纸铅印。商标定名：成义酒房为"双德牌"，荣和酒房为"麦穗牌"，恒实酒房为"山鹰牌"。1952年统改为"工农牌"。1953年后，分为内销和外销两种商标：内销为"金轮牌"（又名"工农牌"），外销为"飞天牌"（又名"飞仙牌"）。文革时期曾一度改为"葵花牌"，旋又恢复"五星牌"（前身"金轮牌"）、"飞天牌"，一直沿用至今。

企业文化理念：

使命：酿造高品位的生活。

愿景：健康永远，国酒永恒。

企业精神：爱我茅台，为国争光。

核心竞争力：品质，品牌，工艺，环境，文化。

领导理念：务本兴业，正德树人。

人才理念：以才兴企，人企共进。

经营理念：稳健经营，持续成长，光大民族品牌。

质量理念：崇本守道，坚守工艺，贮足陈酿，不卖新酒。

营销理念：坚持九个营销，追求和谐共赢。

服务理念：行动换取心动，超值体现价值。

核心价值观：以人为本，以质求存，恪守诚信，继承创新。

国酒茅台现有的两种商标："五星牌"和"飞天牌"

据了解，国酒茅台现在之所以有"五星牌"和"飞天牌"两种商标，是在特定历史背景下形成的。地方国营的茅台酒厂成立后，最初注册商标为"贵州茅苔"，商标上端正中为工农携手图案，左右两边有波浪形线条，其下有"贵州茅苔酒"五个红色大字和"地方国营茅台酒厂出品"十个白色小字，1956 年 3 月，"苔"字被恢复为"台"字。1953 年，茅台酒开始向国外销售，商标图案也改由金色麦穗和红色五星组成。麦穗在外，五星居中，注册商标为"车轮牌"，即今天"五星牌"商标的前身，寓意茅台酒是新中国工农联盟的结晶。但在当时的历史条件下，这一商标图案被国外一些反华势力视为"政治商标"，因而受到一些不应有的歧视。为有利于外销，经原国家轻工部批准，茅台酒外销商标于 1958 年改为"飞天牌"，图案借用在西方社会影响很大的敦煌"飞天"形象，为两个飘飞云天的仙女合捧一盏金杯，寓意茅台酒是外交友谊的使者，并一直沿用至今。据悉，目前市场上销售的茅台酒之所以同时还有"五星牌"和"飞天牌"两种商标，除了考虑消费者的习惯和心理外，还有一个原因就是茅台酒厂当初借用的"飞天"这一形象，现仍需付一定费用，而"五星牌"商标则没有这一问题。

### （四）奇闻逸事

抗日战争时期，茅台酒曾让日本侵略者吃过苦头。话说当年日军自9·18事件爆发后开始侵占中国领土，而且利用国共内战、在国人不团结的时候开始逐渐蚕食中国领土，自7·7事变日军开始全面侵华战争以后，日军势如破竹，狂妄的日军甚至扬言三个月内灭亡中国，但英勇的中国人民没有被吓倒，而且以各种形式进行抗日斗争，其中游击战争是最普遍的一种形式。抗日期间的某天，一队日本军全副武装入侵南部的一个村庄，声称抓抗日分子。事实上，该村子是游击队的大本营，但游击队主力此刻并不在村里。面对凶神恶煞的日本兵，村长赶紧假装妥协，声称要帮日军抓捕抗日分子，暂时稳住了日军。村长一面叫人赶紧去通知游击队，一边把日本军迎进家里，而且从各家村民那里拿茅台酒献给日军，并拿出好酒好菜。日本军官见村长这么顺从，放松了警惕，再加上贪恋茅台的香醇，于是和手下尽情畅饮，结果一个个都倒下了。游击队回来后，面对烂醉如泥的鬼子，不费吹灰之力就缴了鬼子的枪，并处决了罪行累累、作恶多端的日本兵。

1915年，巴拿马举行国际品酒会，很多国家都送酒参展，当时品酒会上酒中珍品琳琅满目，美不胜收。当时的中国政府也派代表携国酒茅台参展，虽然茅台酒质量上乘，但由于首次参展且装潢简朴，因此在参展会上遭到冷遇。西方评酒专家对中国美酒不屑一顾。就在评酒会的最后一天，中国代表眼看茅台酒在评奖方面无望，心中很不服气，情急之中突生一计。他提着酒走到展厅最热闹的地方，装作失手，将酒瓶摔破在地，顿时浓香四溢，招来不少看客。中国代表乘机让人们品尝美酒，不一会儿便成为一大新闻而传遍了整个会场。人人都争着到茅台酒陈列处抢购，认为中国酒比起"白兰地"、"香槟"来更具特色。茅台酒的香气当然也惊动了评酒专家，他们不得不对中国名酒刮目相看。中国代表捧着名酒奖牌胜利而归。茅台酒就这么一摔，摔出了中国名酒的风采，让世人瞩目。

# 3.3 清香·汾酒

## （一）品牌

山西杏花村汾酒集团有限责任公司成立于 2002 年 3 月，是在原山西杏花村汾酒（集团）公司基础上改制成立的国有独资公司。公司以生产经营中国名酒——汾酒、竹叶青酒为主营业务，同时拥有中国驰名品牌"杏花村"，是久负盛名的大型综合性国有企业，也是国家 520 户重点企业和山西省 12 户授权经营企业之一。

公司秉承优质清香型白酒的核心酿造技术，拥有一流的配套设备和酿酒研发队伍，并且通过了 ISO9001 国际质量体系认证、方圆标志产品质量认证。

## （二）历史

山西汾酒也称"老白汾酒"，因产于山西省汾阳市杏花村，故得名。杏花村是中国著名的酒都，位于汾阳市城北 15 公里的太汾公路北侧，距省会太原市区 90 公里。山西省杏花村酒，以清澈干净、清香纯正、绵甜味长（即色、香、味三绝）著称于世，清香风格独树一帜，

成为清香型白酒的典型代表，自 1952 年第一届中国白酒国家级评比以来，连续五届荣获"中国名酒"的称号，同样连续五届荣获"中国名酒"称号的还有贵州茅台和泸州老窖。

杏花村的酿酒史最少可以追溯到 1500 年以前。《北齐书》卷十一就有"帝在晋阳，手敕之曰'吾饮汾清二杯，劝汝于邺酌两杯'"的记载；北周诗人庾信曾写过"三春竹叶酒，一曲鹍鸡弦"的诗句，记载了最早的竹叶青酒；唐诗人杜牧诗云："清明时节雨纷纷，路上行人欲断魂。借问酒家何处有？牧童遥指杏花村"；宋朱翼中《北山酒经》云："唐时汾州有乾酿酒"；宋窦革《酒谱》、宋张能臣《酒名记》、元宋伯仁《酒小史》等均有关于汾酒的记述。唐时，杏花村有 72 家酒作坊，清代中叶增至二百二十余家。

1875 年汾阳王姓乡绅，在杏花村创立了"宝泉益"酒作坊，以产"老白汾"酒而闻名于世。1915 年其兼并"德厚成"和"崇盛永"而易名为"义泉泳"。同年，"老白汾"在巴拿马万国博览会上获得"金奖"。《并州新报》以"佳酿之誉，宇内交驰，为国货吐一口不平之气"醒题，向国人欢呼曰："老白汾大放异彩于南北美洲，巴拿马赛一鸣惊人。"自此，老白汾酒誉驰中外，名震四海。1919 年，"晋裕汾酒公司"草创且兼并"义泉泳"，年产量 40 余吨，至 1936 年汾酒在国际两度折桂，解放前在国内六次夺魁。

但由于战乱不断，终于在 1947 年全部停止生产。1948 年汾阳解放后，重新组织恢复了生产。人民政府于 1949 年 6 月 1 日以 8000 元的价格，购买原"晋裕汾酒公司"全部产业，成立了"国营杏花村汾酒厂"。9 月，第一批汾酒送至首届中国人民政治协商会议餐桌上。1949 年汾酒厂产量完成 131.5 吨，创利润 4000 元，实现工业总产值 14.5 万元。至 1993 年，国营杏花村汾酒厂发展为以酒类生产经营为主，集科、工、贸、商、服务五位一体，进出口、内外销同时并进，多元化综合经营的国营大型一档企业，成为国内最大的名优白酒生产基地之一。

山西汾酒是中国清香型白酒的典型代表，工艺精湛，源远流长，素以入口绵、落口甜、饮后余香、回味悠长特色而著称，在国内外消费者中享有较高的知名度、美誉度和忠诚度。中国许多名酒如茅台、泸州大曲、西凤、双沟大曲等都曾借鉴过汾酒的酿造术。

### （三）文化

汾酒以"清香"为文化概念。汾酒的"清香"概念不仅仅指汾酒的香型和品质特征，更指汾酒人的品格和汾酒集团的品位。

清香的多重含义：

1. 汾酒的清香型特质。汾酒以"清香至尊"著称于世，具有清香型白酒典型代表的行业地位和不可替代的旗帜性。

2. 汾酒悠久的历史传承。汾酒最早有"汾清"的雅称，并以清香型特色延绵上千年，清香型酒的"清"也由此演变而来，寓意着源远流长的汾酒文化。

3. 汾酒的优秀品质。这种品质体现在汾酒清香、纯正、甜美、净爽、绵长的口感特点，严格稳定的产品质量，高雅脱俗的市场形象等方面。

4. 汾酒人美好的内在品格。这种品格体现为汾酒人"做事清正诚信，为人善良热情"的美德。

汾酒的"清香"概念是从汾酒的清香特征进行外延、拓展而来的一种"文化概念"，是汾酒集团全力经营的"清香文化"和"清香事业"。清香概念提出的目的是将汾酒的"清香"特质强化、放大，主动切分市场，提高市场占有率。这一概念的提炼、延伸、扩展和张扬，将对汾酒集团的整体发展产生极其深远的巨大影响。

### （四）奇闻逸事

杏花坞里有个叫石狄的年轻后生，他膀宽腰圆，臂力过人，常年以打猎为生。初夏的一个傍晚，在村后子夏山（因孔丘弟子子夏在山中教学而得名）射猎归来的石狄走过杏林，忽听得一丝低微的抽泣声从杏林深处传来。他寻声过去，发现一女子依树而泣，很是悲切。心地善良的猎人忙问情由，姑娘含泪诉说了家世，才知是因家遭灾，父母遇难，孤身投亲，谁知，亲戚也亡，故无处安身，在此哭泣。石狄看着姑娘那张杏花带雨般的清纯面容，顿生怜悯之心，领其回村安置邻家，一切生活由石狄打点。数日后，经乡亲们说合，俩人结为夫妻。婚后，你恩我爱，夫唱妻随，日子过得很甜美。

农谚道："麦黄一时，杏黄一宿。"正当满树满枝的青杏透出玉黄色，即将成熟时，忽然老天爷一连下了十几天的阴雨。雨过天晴，毒花花的日头晒得本来被雨淋得涨涨地裂了水口子的黄杏"吧嗒、吧嗒"都落在地上，没出一天工夫，满筐的黄杏发热发酵，眼看就要烂掉。乡亲们急得没有法子，脸上布满了愁云。

夜幕降临，忽然有一股异香在村中幽幽飘荡。既非花香，又不似果香。石狄闻着异香推开家门。只见媳妇笑嘻嘻地舀了一碗水送到丈夫跟前，石狄正饥渴之际，猛喝一口，顿觉一股甘美的汁液直透心脾。这时媳妇才说："这叫酒，不是水；是用发酵的杏子酿出来的，快请乡亲们尝尝。"

众人一尝，都连声叫好，纷纷打问做法，争相仿效。从此，杏花坞有了酒坊，清香甘醇的杏花美酒也远近闻名。

原来姑娘是王母娘娘瑶池的杏花仙子，因不甘王母责罚，才偷偷飘落下凡。今见乡亲们遇到困难，故用发酵的杏子酿出美酒，解了众人之急。

由于她酿造的美酒香飘天庭，王母馋涎欲滴。急命雷公电母寻迹捉拿，为上界神仙们酿酒。

一个盛夏的午后，探得踪迹的王母亲自捉拿杏花仙子来了，她站在云端厉声喝道："大胆杏花仙子，竟敢冒犯天规，偷下凡尘，罪在不赦！念你此番在人间酿酒辛苦，快将美酒带回天庭供仙人饮用，如若不然，化尔为云，身心俱亡。"

杏花仙子听罢，不但不害怕，反而据理力争，王母娘娘恼羞成怒，一声炸雷闪电劈下，待炸雷闪电过后，杏花仙子已不见身影。

从此，杏花坞一辈辈流传着杏花仙子酿酒的传说。每年到杏花开放时节，村里总要下一场潇潇春雨，据说，那是仙女们在天上思念亲人的泪水。

又有传说，很早以前，每逢端阳佳节，杏花村照例要举行一次盛大的"花酒会"。这一天，各地的奇花异卉、陈年美酒云集杏花村，远近客商百姓纷纷赶来品酒赏花。有一年，杏花村又在举办"花酒会"。那酒香花香直冲霄汉，惊动了天上的八洞神仙。八仙拨开祥云，见世上竟有这样的胜景，便驾起祥云飘下人间，八洞神仙在"花酒会"上欣赏着各种奇花异卉，越看越高兴，信步来到"醉仙居"。"醉仙居"的店主人殷勤接待，把香醇的美酒端上来。那八仙闻着香气袭人的酒味，就先有几分醉意了。八仙在天上喝过琼浆玉液，也喝过吴刚的桂花酒，但这些都远远不及汾酒的香醇和甘甜。他们边喝边连声赞叹："杏花汾酒，胜似琼浆！"八仙畅饮之后，兴致勃勃。吕洞宾建议，每人在街上栽一棵槐树，以纪念这次盛会。其他七仙都拍手称赞。他们找来树苗和工具，来到街上，栽下了八棵槐树。这些槐树长得枝繁叶茂，这条街也就被命名为"八槐街"。其中一棵长得又粗又高，传说是最爱饮酒的吕洞宾所栽，后来人们都叫它"洞宾槐"。

## 3.4　凤香·西凤酒

**（一）品牌**

陕西西凤酒股份有限公司位于陕西省凤翔县柳林镇，公司前身陕西省西凤酒厂是 1956 年在周恩来总理的亲切关怀下创建的，1999 年改制为陕西西凤酒股份有限公司。2009 年和 2010 年通过两次增资扩股，实现了股权多元化，属国家大型一级企业，是西北地区规模最大的国家名酒制造商、陕西省利税大户之一。

企业主导产品西凤酒，是我国最古老的四大名酒之一，是凤香型白酒的鼻祖和典型代表。她孕育于 6000 年前的炎黄文化时期，诞生于 3000 年前的殷商晚期，在周秦文化的抚育下成长，在唐宋文化的辉煌中嬗变，在明清文化的滋润下冲向海外，新中国成立后涅槃新生，改革开放以来走向辉煌。具有"醇香典雅、甘润挺爽、诸味谐调、尾净悠长"的香味特点和"多类型香气、多层次风味"的典型风格。其"不上头、不干喉、回味愉快"的特点被世人赞为"三绝"，誉为"酒中凤凰"，因而在全国具有广泛的代表性和深厚的群众基础。

西凤酒曾获 1915 年美国旧金山巴拿马万国博览会金质奖、1992 年第十五届法国巴黎国际食品博览会金奖等八项国际大奖，蝉联四届全国评酒会"中国名酒"称号，先后荣获"中华老字号"、"中国驰名商标"、国家原产地域保护产品、"国家地理标志产品"等称号。"中国白酒 3C 计划——西凤酒风味特征物质研究"成果被中国酒业协会组织的专家论证会确认"已达到世界领先水平"，西凤酒酿制技艺被列入陕西省第一批非物质文化遗产名录，西凤酒商标在美国、欧盟、俄罗斯、泰国、新西兰成功注册。西凤酒不但畅销全国，还远销世界 4 大洲 26 个国家和地区。

**（二）历史**

西凤酒起源于 6000 多年前的仰韶文化时期，形成于 3000 多年前的殷商晚期，盛于唐宋，发展于明清，鼎盛于当代，其酿酒工艺，具有三千年不断代传承，是最古老的中国历史名酒之一，中国凤香型白酒的创立者和典型代表。

1924 年，陕西省凤翔县西 20 公里的灵山发生古墓被盗事件，其间青铜器数百，保存有大量珍贵的周朝铭文，被盗的原是一座距今三千余年的西周古墓。其中出土了一座上书 5 行 35 字铭文的鼎，写着："隹周公邘征伐东夷、丰白、薄古，咸□。公归荐邘周庙。戊辰饮秦饮，公赏贝百朋，用乍尊彝。"

由于铭文记载了周公旦东征做事，故又称之"周公东征方鼎"。在这段短短的铭文中，我们注意到"秦饮"二字，莫

非是周朝秦国特产的饮料？古文字学家陈梦家先生在其文章中说道："'饮秦饮'，第二饮字指酒浆，秦饮是酒名。"可知，秦饮即秦酒，是一种由秦人或自秦地生产出的酒浆。而现在的陕西省灵山，正好是殷商晚期的秦地位置所在。

从这一件出土方鼎中可知，秦酒距今已有三千年历史，甚至更早。随着时代的发展，秦国酿酒业愈发发达，至秦文公时期，为了向周天子谢恩，秦酒改名为"柳林酒"，取秦地一条名叫"玉泉里"的小溪之意。这片溪林柳树成荫，风景秀美，周天子一时心悦，便赐名"柳林"，亦是"柳林酒"的美名。而在当时，柳林酒同骏马，一齐被奉为"秦国国宝"。

关于柳林酒，《史记》与《酒谱》中皆有记载，其中如《酒谱》："秦穆公伐晋及河，将劳师，而醪惟一钟。塞叔劝之曰：'虽一米投之于河而酿也'，于是乃投之于河，三军皆醉。"亦不失为美谈一桩。

后来唐朝饮杯成风，是我国历史上酒文化快速成长和成熟的一个时期。柳林酒的故乡离唐都长安不到200公里，凤翔更被称为唐之"西京"，酒业旺盛，村庄间香飘十里。据《凤翔县志》载，唐初没有酒禁，凤翔城内酿酒作坊更多。柳

林、陈村等集镇亦有不少，尤以西凤酒"甘泉佳酿、清洌醇香"被列为贡品。酒品远销中原，沿丝绸之路销往西域诸郡。

此时的柳林酒，也逐渐地发生了质变，由发醉度数较低的醉酒进化为蒸馏度数较高的白酒。唐贞观年间西凤酒就有"开坛香十里，隔壁醉三家"的赞誉。

唐仪凤年间的一个阳春三月，吏部侍郎裴行俭护送波斯王子回国途中，行至凤翔县城以西的亭子头村附近，发现柳林镇窖藏陈酒香气将五里地外亭子头的蜜蜂蝴蝶醉倒奇景，即兴吟诗赞叹曰："送客亭子头，蜂醉蝶不舞，三阳开国泰，美哉柳林酒。"并将其敬献高宗皇帝，皇帝饮之大爱。自此，

柳林酒被列为皇室御酒，为酒中上品。史载此酒在唐代即以"醇香典雅、甘润挺爽、诸味协调、尾净悠长"而被列为珍品。

宋代，苏轼任职凤翔时，酷爱此酒，曾用"花开酒美曷不醉，来看南山冷翠微"的佳句来盛赞西凤美酒。

到了近代，因脱胎于柳林酒，闻名于宝鸡凤翔，柳林酒改名为西凤酒。然而，在手工业作坊的生产条件下，西凤酒产量很有限。

1952年，西凤酒在第一届全国评酒会上获得"中国名酒"称号，成为最古老的四大名酒之一。此后，又分别在1963年、1984年和1989年的第二届、第四届和第五届全国评酒会上也获得了殊荣。

1956年，国家在柳林镇投资建起了"陕西省西凤酒厂"，从此，西凤酒迅速发展，生产规模不断扩大，产量日趋增长，品质风格更加醇馥突出。时至今日，西凤酒仍活跃于中华酒坛，四海飘香。

## （三）文化

新世纪的西凤人将牢记"让凤酒香满人间"的企业使命，发扬"敢为人先、包容进取、追求卓越"的企业精神，以科学发展、加快发展、协调发展为工作主旋律，坚持品牌提升与产品销售并重，管理创新与生产经营并举，结构调整与转型升级同步，不断完善企业法人治理结构，继续保持企业的良好发展态势，为实现挺进中国白酒第一阵营、实现西凤事业伟大复兴的战略目标而努力奋斗！

企业宗旨：传承创新，酿造美酒。

企业使命：让凤酒香满人间。

企业价值观：崇德，尚礼，爱岗，敬业，诚信，奉献。

企业精神：敢为人先，包容进取，追求卓越。

经营目标：打造酒业航母，引领产业发展。

经营理念：构建平台利益，分享共同成长。

经营战略：整合优势资源，创建国际品牌。

营销理念：构建西凤营销生态圈，强化客情关系超值感。

品牌理念：国脉凤香，尊荣共享。

研发理念：行业领先，持续进步。

采供理念：阳光采购，优质高效。

生产理念：工艺精细化，管控绩效化。

质量理念：人品决定酒品，质量就是生命。

安全理念：防患未然，人人有责。

### （四）奇闻逸事

东坡肉大家都知道，是东坡回赠百姓的美谈，也是一道中国名菜，可是苏东坡和酒也有一段佳话，是发生在被贬西北的故事。

东坡被贬，偶遇美酒

话说当年，苏东坡因为得罪朝中权贵，被贬到陕西凤翔做签书判官，听闻凤翔盛产美酒，其中尤其以柳林县的柳林酒有名，作为大文豪怎么能不来尝尝呢？

但是他并没有大摆官架，而是一身便装和随从一起来到柳林酒作坊，店家也没有怠慢，而是精心地按照苏轼的要求安排，苏轼就感觉在家里喝酒一样，畅快地喝了一顿，随即决定要在凤翔东湖喜雨亭落成之日宴请宾客。

直到此时，柳林酒坊的人才知道，来此饮酒的是大名鼎鼎的苏轼，他们便请求苏轼留下墨宝，但是苏轼笑而不答，只是吩咐他们在东湖喜雨婷上准备好美酒佳肴，他要在那里宴请宾客。

店家哪里敢怠慢，宴请之时还未到，准备工作早已安排好。

果然，苏轼的知交满天下，

这天来的人还真不少，有朝廷官员、文学大咖、坊间歌姬，更有酒界的富商。

苏轼招呼他们落座，吩咐店家上酒，柳林酒坊的人就搬来一坛坛酒，在众人面前解封。

刚一打开，酒香四溢，闻的人纷纷点头称赞。酒坊的人给各位尊贵的客人一一满上酒。苏轼举杯，大家一饮而尽："好酒呀。"

朋友们喝得高兴，苏轼自然脸上有光，他喝得痛快，兴致上来，就诗兴大发，吩咐酒家的人备好笔墨，挥毫泼墨，

写下惊世名篇《喜雨亭记》，并用"花开酒美曷不醉，来看岭南冷翠微"赞美柳林酒。

酒坊的人喜不胜收，赶紧就把这个诗裱起来，悬挂在酒坊中，至今苏轼的墨迹尚有遗存。

柳林酒传入京城，名满天下

经过苏轼这一次的大力推荐，柳林酒的名气就更大了，商家争着跟柳林酒做生意，一些官府的用酒也将柳林酒作为他们宴会的专用酒，柳林酒的名气一传十，十传百，渐渐传到了皇帝的耳朵里。

之后苏轼上书朝廷，提出了一整套振兴凤翔酒业的措施，并附赠了皇

帝几坛陈年佳酿。皇帝早已听闻了柳林酒的大名，这次亲口尝到了柳林酒，感觉确实名副其实。

随即钦点柳林酒的大名，更是恩准了苏轼的提议。从此，柳林酒和整个凤翔酒业蓬勃发展，凤翔也成了全国有名的酒乡。后又几经更名，就是现在的西凤酒。

*西凤酒延续遗风，精益求精*

西凤酒几经曲折发展到现在，已是中国四大名酒之一。酒体清亮透明，醇香芬芳，清而不淡，浓而不艳，集清香、浓香之优点融于一体，幽雅、诸味谐调，回味舒畅，风格独特。

西凤酒被誉为"酸、甜、苦、辣、香五味俱全而各不出头"，即酸而不涩、苦而不黏、香不刺鼻、辣不呛喉、饮后回甘、味久而弥芳之妙。

## 3.5 浓香·五粮液

### （一）品牌

四川省宜宾五粮液集团有限公司是一家以酒业为核心主业，大机械、大包装、大物流、大金融、大健康五大产业多元发展的特大型国有企业集团，有"中国酒王"之称。公司占地 12 平方公里，拥有从明初使用至今从未停止发酵的老窖池群以及一大批现代化、规模化的酿酒车间。

从盛唐时期的重碧酒，到宋代的姚子雪曲、明初的杂粮酒，再到 1909 年正式得名，五粮液已传承逾千载。五粮液集团前身是在长发升、利川永、张万和、钟三和、刘鼎兴、万利源长、听月楼、全恒昌这 8 家酿酒作坊组成的宜宾市大曲酒酿造工业联营社的基础上，于 1952 年

联合组建的川南行署区专卖事业公司宜宾专区专卖事业处国营二十四酒厂；1959年，企业更名为四川省地方国营宜宾五粮液酒厂；1964年，正式更名为四川省宜宾五粮液酒厂；1998年，改制为四川省宜宾五粮液集团有限公司。

从1915年荣获巴拿马万国博览会金奖至今，五粮液已先后获得中国名酒、中国质量管理奖、中国最佳诚信企业、百年世博·百年金奖等上百项国内国际荣誉。2008年，五粮液传统酿造技艺被列入国家级非物质文化遗产。2017年，五粮液品牌位居"亚洲品牌500强"第60位、"世界最具价值品牌500强"第100位、"世界品牌500强"第338位。

目前，五粮液集团立足新发展理念，以满足人民日益增长的美好生活需要为最大目标，始终不忘"弘扬历史传承，共酿和美生活"的使命，坚守"为员工创造幸福，为消费者创造美好，为投资者创造良好回报"的核心价值理念，紧紧围绕"做强主业、做优多元、做大平台"的发展战略，认真落实高质量发展要求，深入推进供给侧结构性改革，奋力开启二次创业新征程，力争提前跨越千亿台阶，尽快迈入世界500强，努力打造健康、创新、领先的世界一流企业。

### （二）历史

宜宾市位于四川省南部，属于南亚热带到暖湿带的立体气候，山水交错，风景秀丽，自古以来就是一个多民族聚集的地方。在历史上，各族人依据各自传统和风俗习惯曾酿制了不同风味特色的美酒。诸如先秦时期僚人酿制的清酒、秦汉时期僰人酿制的蒟酱酒、三国时期鬃鬃苗人用野生小红果酿制的果酒等，无不闪烁着中国古人对酿酒技术的独到见解和聪明才智。

随着民族文化的不断融合，宜宾地区的酿酒技术不断提高。到了南北朝时期，彝族人采用小麦、青稞或玉米等粮食混合酿制了一种杂粮酒，又名咂酒，从此开启了采用多种粮食酿酒的先河。咂酒在当时彝族人部落中非常普及，特别受到族内人群的喜爱。咂酒酿造时要将所需的各种杂粮煮熟后晾干，然后再用酒曲进行搅拌，最后盛到陶坛中，用湿泥封口，并覆盖草料。其充分的发酵，仅仅需要大概两周的时间。等到完全发酵好后，打开封口，人们便可以开始饮用，只要在陶罐内注入一定数量的水，一边饮用，一边注水，直到没有了酒的味道，才停止饮用。咂酒的得名便是因为其独特的饮用方式。

发展到唐代，戎州官办酿酒烧坊开始采用四种粮食酿制"春酒"，后因为戎州刺史杨使君在东楼设宴为诗人杜甫洗尘，杜甫在品尝春酒之后，即兴涌出"重碧拈春酒、轻红擘荔枝"的佳句。转眼便将"春酒"改名为"重碧酒"。这首选自杜甫《宴戎州杨使君东楼》诗中的句子，讲的正是五粮液发展的重要历史"片段"——重碧酒。

到了宋代，绍熙年间国子监免解进士，无锡人费衮在其所撰的《梁溪漫志·卷七·二州酒名》中述："叙州，本戎州也。老杜戎州诗云：'重碧倾春酒，轻红擘荔枝。'今叙州公酝，遂名以'重碧'。""公酝"，指的是为官府所用之酒。由此我们可以窥见当时的唐代宜宾盛行的琼浆玉液"重碧酒"，到宋代被完好地传承了下去，并且成为当时国内的名酒。北宋著名文学家、书法家、盛极一时的江西诗派开山之祖黄庭坚曾在其诗中称此酒为

"荔枝绿"，实际上到了宋代以后，荔枝绿指的就是唐代的重碧酒。宋代酿酒业的发展对五粮液影响颇深，且非常重要。宜宾绅士姚氏酒坊采用玉米、大米、高粱、糯米、荞子五种粮食酿酒，命名为"姚子雪曲"，其酒质甚美。黄庭坚在品尝之后，给出了"杯色争玉，白云生谷"、"清而不浊，甘而不哕，辛而不螫"的高度评价。这与 1963 年第二届全国评酒会上的评酒专家给予五粮液的"香气悠久，酒味醇厚，入口甘美，入喉净爽，各味谐调，恰到好处，尤以酒味全面而著称"的评价有着惊人的相似。这足以证明当时五粮液酒的酿制技术已经趋于成熟。

从南宋末年到明代初期，宜宾的私营酿酒烧坊迅速发展，也让当地的酿酒工业开始进行了一些改革，酿酒配方得到改善，酿酒工艺得到改进。各家烧坊在注重酿酒工艺的同时，也纷纷形成了各自的配方，多粮酿造的局面由此打开，并涌现出百花齐放的局面，一时"长发升"、"德

盛福"、"温德丰"等知名烧坊纷纷发展起来。陈氏的"温德丰"烧坊继承了姚氏产业，并不断发展壮大，"五粮液"迄今使用的老窖，就是明代建造的，已有 600 多年的历史。不仅如此，陈氏酒坊在继承"姚子雪曲"生产工艺的基础上，还总结出"陈氏秘方"，从而使得酿酒工艺更加成熟，酒质更趋于稳定，至今仍然是五粮液酒厂的重要配方。这就是五粮液的前身。当时上层人士将"五粮液"称之为"姚子雪曲"，下层人士将之称之为"杂粮酒"。

"温德丰"烧坊从创办人陈某人嫡传第六世，至数百年后清同治七年（1868 年）的陈三一代，因其无后，陈三只得将配方破例传给了其徒弟赵铭盛，赵铭盛便将"温德丰"更名为"利川永"，并把三口窖增加为六口窖。配方也多经调整、改善。民国初年（1912 年），因为赵铭盛对于酿酒发展的贡献和独特技能，被宜宾同仁推举为"酿造总技师"。之后赵铭盛又传授于自己的徒弟邓子均，邓子均在烧坊原料秘方的基础之上加以完善，让其"杂粮酒"和"提庄曲酒"名闻全国，畅销各地。

清宣统元年（1909 年），陈氏秘方传人"利川永"烤酒作坊老板邓子均采用红高粱、大米、糯米、麦子、玉米五种粮食为原料，酿造出了香味纯浓的"杂粮酒"，而后将自家酿酒带到宜宾团练局局长雷东垣在家举行的一次晚宴上。当时，宜宾众多社会名流、文人墨客汇聚一堂。席间，"杂粮酒"一开，顿时满屋喷香，令人陶醉。当地团练局文书、晚清举人杨惠泉品尝该酒后大赞："人间佳酿，天下绝品。"问道："这酒叫什么名字？""原叫'姚子雪曲'，今唤'杂粮酒'。"邓子均答。"为何取此名？"杨惠泉又问。邓子均答道："因为它是由大米、糯米、小麦、玉米、高粱五种粮食之精华酿造的。"随后杨惠泉称道："如此佳酿，名为杂粮酒似嫌凡俗，而姚子雪曲虽雅，但不能体现此酒的韵味。此酒是集五粮之精华而成玉液，更名为'五粮液'是一个雅俗共赏的名字，而且顾名可思其义。""好，这个名字取得好。"众人纷纷拍案叫绝。自此，当时的"杂粮酒"、"姚子雪曲"便更名为"五粮液"，享名世人，流芳至今。

民国四年（1915 年），宜宾特产佳酿五粮液被北洋政府选中，参加了在美国旧金山举办的巴拿马万国博览会，并夺得金奖。

民国二十一年（1932 年），邓子均正式在宜宾工商管理部门以"五粮液"登记注册，所产"提庄

曲酒"也更名为"尖庄"。"五粮液"、"尖庄"成为"利川永"的主要酿酒产品。因为品质优越，且得过世界金奖，"利川永"产品广销四川、湖北、上海等地，还通过"利川东"货栈远销海外。

此酒沿用和发展了"荔枝绿"的特殊酿制工艺。因为使用原料品种之多，发酵窖池之老，更加形成了五粮液的喜人特色。它还兼备"荔枝绿""清而不薄""厚而不蚀，甘而不哕，辛而不螫"的优点。明末清初，宜宾共有四家糟坊，十二个发酵地窖。到新中国成立，已有德胜福、听月楼、利川永等十四家酿酒糟坊，酿酒窖池增至一百二十五个。

　　1949 年 12 月 11 日，中国人民解放军 18 军 54 师在解放贵阳之后，解放了酒都宜宾。新中国成立之后的宜宾，虽拥有十余家私营烧酒作坊，但都是各自发展。因为内战的原因，他们还不足以成大的气候，有的小烧酒作坊已经面临销售困境，产量和酿酒质量都已经存在很大的问题。宜宾解放后，新中国在宜宾建立了新的人民政府，当地政府十分重视酿酒业的发展，在进驻后便将当时各家零散的烧酒作坊整合了起来，在此基础上组建了"国营二十四酒厂"。

　　1952 年，宜宾"利川永"烧坊老板邓子均交出了五粮液数百年的酿造秘方"陈氏秘方"，并只身成为酒厂的酿酒技术指导。

　　1957 年，"国营二十四酒厂"正式更名为"五粮液酒厂"，国营宜宾五粮液酒厂正式成立，厂房设在宜宾的翠屏山和真武山脚下。该厂在唐代"重碧春"、宋代"荔枝绿"和近代"杂粮酒"传统工艺的基础上，大胆创新，形成了酿造五粮液酒的一整套独特工艺。五粮液酒选用优质大米、糯米、玉米、高粱、小麦五种粮食，巧妙配方酿制而成。它具有"香气悠久、味醇厚、入口甘美、落喉净爽、各味谐调、恰到好处"的独特风格，在大曲酒中以酒味全面著称，这使得五粮液在中国浓香型白酒中独树一帜，也成了川酒六朵金花之一。在创建初期，因为发展原因，五粮液未能参加 1952 年举办的全国第一届评酒会，即第一届中国白酒国家级评比，而随后的四届均获得了"中国名酒"称号。

　　从那时之后的 40 多年间，五粮液经历了 5 次大的扩建。

1998 年 4 月 27 日，五粮液股份有限公司在深圳 A 股上市。

20 世纪末的 10 多年时间里，五粮液集团迈开了向现代化大型企业发展的步伐，先后实施了"质量效益型、质量规模效益型、质量规模效益多元化"发展战略，使企业得到了长足的发展。自 1994 年以来，始终稳居中国酒类企业规模效益之冠。

1999 年 4 月 18 日，江泽民总书记视察了五粮液集团公司并明确指示："要好好保护五粮液这块牌子。"

2003 年 5 月 11 日，胡锦涛总书记视察了五粮液集团公司后深有感慨地说："五粮液大有希望。"

2015 年，五粮液受邀参展米兰世博会，一举荣获"百年世博，百年金奖""世博金奖产品""最受海外华人喜爱白酒品牌"等世博大奖，铸造了五粮液百年金牌不倒的辉煌。为了纪念这份荣耀，五粮液公司推出"百年世博，世纪荣耀"收藏酒，并开展"耀世之旅"全球文化巡展活动。

### （三）文化

企业使命：弘扬历史承传的精髓，用我们的智慧、勇气和勤劳来造福社会

企业愿景：科学发展，构建和谐、员工富、企业强、社会贡献大的世界名牌公司

核心价值观：为消费者而生而长。

企业精神：创新求进，永争第一。

企业作风：老老实实，一丝不苟，吃苦耐劳，艰苦奋斗，坚韧不拔，持之以恒。

## 3.6 浓香·古井贡酒

### （一）品牌

安徽古井集团有限责任公司是中国老八大名酒企业，中国制造业500强企业，是以中国第一家同时发行A、B两支股票的白酒类上市公司安徽古井贡酒股份有限公司为核心的国家大型一档企业，坐落在历史名人曹操与华佗故里、世界十大烈酒产区之一的安徽省亳州市。公司的前身为起源于明代正德十年（公元1515年）的公兴槽坊，1959年转制为省营亳县古井酒厂。古井贡酒分别在1963年、1979年、1984年和1989年的第二届至第五届全国评酒会上获得"中国名酒"称号。1992年集团公司成立，1996年古井贡股票上市。2008年古井酒文化博览园成为中国白酒业第一家AAAA景区，2013年古井贡酒酿造遗址荣列全国重点文物单位。2016年，古井集团成为"全国企业文化示范基地"，荣获中国酒业"社会责任突出贡献奖"。2017年，在"华樽杯"中国酒类品牌价值评议活动中，"古井贡"以638.50亿元的品牌价值位列安徽省酒企第一名、中国白酒第五名。

古井贡酒是集团的主导产品，始于公元 196 年曹操将家乡亳州产的"九酝春酒"和酿造方法进献给汉献帝刘协，自此一直作为皇室贡品；曹操也被史学界命名为古井贡"酒神"；古井贡酒以"色清如水晶、香醇似幽兰、入口甘美醇和、回味经久不息"的独特风格，四次蝉联全国白酒评比金奖，在巴黎第十三届国际食品博览会上荣获金奖，先后获得中国地理标志产品、国家重点文物保护单位、国家非物质文化遗产保护项目、安徽省政府质量奖、全国质量标杆等荣誉，被世人誉为"酒中牡丹"、"东方神水"、"中华第一贡"。

### （二）历史

古井贡酒具有 1800 多年的酒文化历史。南北朝时，在亳州的减店集，人们发现有一口古井，井水清冽甜美，人们用此井水酿酒、泡茶，回味无穷。相传，有个将军因作战失利，临死前将所用的兵器投入井里。谁知此后井水比先前更清淳透明，爽口润喉，所酿之酒，十里飘香，古井名声大噪，人们称之为"天下名井"。据考证，古井贡酒始于建安元年（196 年），当时的魏国丞相曹操

将家乡亳州特产"九酝春酒"及酿造方法献给汉献帝，自此，该酒便成为历代皇室贡品。

到了宋代，减店集已成了有名的产酒地，当地百姓至今还有"涡水鳜鱼苏水鲤，胡芹减酒宴贵宾"的说法。

明代万历年间，阁老沈鲤在万历帝的庆典上，把"减酒"当作家乡酒进贡朝廷，万历帝饮后连连叫好，钦定此酒为贡品，命其年年进贡，"贡酒"之名由此而得。到了清末，特别是民国时期，百姓不堪重负，致使糟坊荒芜，工人背井离乡，古井也随之复殁。

**（三）文化**

　　安徽古井集团有限责任公司秉承"做真人，酿美酒，善其身，济天下"的核心价值观，致力于打造以白酒主业为核心的"制造业平台"，以地产和商旅为主的"实业平台"，以金融集团为主的"金融平台"和以酒文化、酒生态、酒产业、酒旅游为核心的"文旅平台"。

　　使命：贡献美酒乐享生活。

　　愿景：做中国最受欢迎，最受尊重的白酒企业。

　　价值观：做真人，酿美酒，善其身，济天下。

# 3.7　浓香·全兴大曲酒

## （一）品牌

四川全兴酒业有限公司（以下简称全兴酒业）前身是以成都市水井街全兴老烧坊为基础，经公私合营、社会主义改造组成的"国营成都酒厂"，该厂创建于1951年。主营产品是成都府大曲。全兴酒由于历史悠久、品质绝佳，风格独特，主要产品全兴大曲以酒香醇甜、爽口尾净远近闻名，一直受到广大消费者的喜爱，所获奖励赞誉无数，囊括了所有白酒行业的重要奖项，是老八大"中国名酒"、川酒"六朵金花"之一，享有极高的荣誉和行业地位。全兴大曲曾于1963年、1984年、1989年三次荣获全国评酒会金质奖"中国名酒"称号，是中国老八大名酒之一，1995年和2006年两次被国家贸易部和商务部授予"中华老字号"称号。2000年，"全兴大曲"商标荣获"中国驰名商标"称号。

## （二）历史

成都全兴大曲的前身是成都府大曲，据史料记载：全兴烧坊始建于清代乾隆五十一年（公元1786年），距今已有二百多年的历史。当时就以酒香醇甜、爽口尾净而远近传闻，畅销各地。全兴老字号作坊正式建于清道光四年（公元1824年），迄今已有160多年的历史了。

据近代考证，成都酒业经两汉的兴盛发展，源远流传至唐宋时期，早已名酒辈出，仅见于史籍的就有近十种。蜀都府河沿岸，以酿造美酒名扬神州各代的"锦江春"、"水井坊"、"天号陈"、"浣花堂"、"福升全"、"全兴成"等名酒坊一脉相承、绵延千年。唐宋时的名酒"锦江春"产于成都东门外濯锦江畔。它以"新泉"、"薛涛"两口美井的优质泉水为水源，采用作坊内的传统工艺精酿而成，在当时远近闻名。随着岁月流逝，"新泉"已芳踪难寻，"薛涛"却清冽依旧，这同一眼清泉在延绵数百年之后，经"福升全"烧坊的酿酒师之手，酿成了同样芳香四溢的美酒——薛涛酒，即全兴大曲前身。

"福升全"烧坊于元末明初在成都东门外大佛寺附近的水井街酒坊旧址中重建，烧坊以大佛寺内镇于传说的"海眼"之上的"全身佛"倒读的谐音取名，取用邻近的"薛涛"井水酿酒，并将第一代新酿定名为"薛涛酒"，向世人表明了自己恢宏前人业绩、创造天下名酒的崭新气象。薛涛酒一问世即大获成功，顿时间"福升全"门庭若市，沽客络绎不绝。时有文人冯家吉在《薛涛酒》一诗中咏到："枇杷深处旧藏春，井水流香不染尘。到底美人颜色好，造成佳酿最熏人。"

随着"福升全"老号的不断发展壮大，因街坊狭窄，"福升全"老址已不适应扩大经营的需要。1824 年，老板在城内暑袜街寻得地址，建立了新号。为求吉祥，光大老号传统，决定采用老号的尾字作新号的首字，更名为"全兴成"，用以象征其事业延绵不断、兴旺发达。

"全兴成"建号后，继承福升全的优良传统，普采名酒之长，把握住"窖池是前提，母糟是基础，操作是关键"的宗旨，对原来的薛涛酒进行加工，造出的新酿统称全兴酒。这酒窖香浓郁，雅倩隽永，加之暑袜街市场环境更好，全兴酒的销量和名气一下子远远超过以前的薛涛酒。数年之间，全兴酒名噪川内川外，"全兴成"门前熙熙攘攘的场面，简直到了令市内同行眼红的地步，更有许多有关"全兴成"和全兴酒的奇闻轶事在蓉城广为流传。

1950 年，当时的川西专卖局赎买了"全兴老号"等酒坊，并沿用其传统技术酿酒，故仍称"全兴大曲"。全兴大曲酒的酿造技术经过历代不断改进，已经形成了一套完整的操作工艺，酒的风味独具一格。由于酒质佳美，在当时众多名酒中首屈一指，享有很高的声誉，因而至今沿用其名。

1951 年，当时的人民政府采用赎买的方式接纳了"福升全"和附近的一个酒厂，成立了国营成都（全兴）酒厂。靠着"福升全"的三个老窖池，还有前人摸索出来的传统工艺，更靠着那些老酒师，老技工、一度湮没无闻的全兴大曲又重新大放异彩。

1963 年、1984 年、1989 年，全兴大曲分别在第二届、第四届和第五届全国评酒会上获得"中国名酒"称号。80 年代以来，全兴酒厂形成了以全兴大曲为龙头，全兴头曲、成都大曲等一系列国优、部省双优和市优产品为核心的阵容。在屡获"中国名酒"之后，也彻底奠定了全兴大曲在市场上的"名牌"口碑和认知。同时，成都酒厂也更名为"四川成都全兴酒厂"。

1997年9月，四川成都全兴酒厂重组成立了四川成都全兴集团有限公司。同月，全兴集团以"四川全兴股份有限公司"的名义成功上市，股票简称为"全兴股份"，自此，全兴酒业以名牌为过硬的平台，以资本为后盾，以市场为导向，屹立于中国十大强势品牌之列。

1998年和1999年的两年里，大多数白酒企业在困惑中花样翻新地搞着广告延伸、包装革命和概念炒作，但大多没有获得战略意义上的成功。正是在这种混乱的竞争环境中，全兴股份借助"全兴大曲"名牌的强大拉力和坚强的资本后盾，通过上市企业规范的市场操作，将"品全兴万事兴"的名酒"兴"文化叫响了大江南北，也给全兴股份带来了强势的牛市业绩：3年中，销量不仅突破了12亿大关，也是利税最高的3年。

2006年，全兴与世界500强企业、全球最大的烈性酒集团帝亚吉欧合作，展开国际化合作。全兴酒厂以更广阔的视野领悟酒文化，产品率先执行双国际标准，确保产品更健康、更环保。

2011年2月，光明食品集团所属上海糖酒集团一举投资控股全兴酒业67%的股权，成都工慧投资咨询有限公司（以下简称成都工慧公司）控股33%。光明食品集团控股全兴酒业以后，重新进行了战略定位、产业整合、资源布局。在品牌发展、产品规划、区域布局方面全面提升全兴酒业的竞争力，重塑全兴品牌的王者风范。

双品牌支撑企业品牌："熊猫"分品牌与"全兴"主品牌共同支撑"全兴"企业品牌。分品牌"熊猫酒"的使命是：以上海、成都为据点，切入超高端，分割茅台、五粮液的消费群体；主品牌"全兴"现确立两大战略主导产品，"全兴井藏"和"全兴大曲"青花系列。"全兴井藏"的使命是

成为大本营市场的主流政商务用酒，并拉动下延产品。"全兴大曲"青花系列的使命是在原有市场基础上掀起新的消费热潮，激活重塑"全兴大曲"的低端形象。

经过一年多的运作，目前全兴酒业的战略定位日益清晰，重点市场区域日趋明确，产销运行体系逐步成型。全兴酒业首创"润香型"白酒酒体，得到了中国酿酒工业协会的认可，正式面世的中高端"井藏"、"青花"系列新品得到了行业专家和社会各界的高度肯定。2012 年 3 月 16 日，全兴酒业借2012 年春季全国糖酒交易会之际正式发布新品，举行蒲江优质基酒生产基地奠基仪式，让全兴酒业"全兴再现、再次雄起"。

目前，全兴酒业正处在多方合力，万众一心，重塑企业形象，开创辉煌、勃勃向上的经营氛围中，各项工作有序开展，多方资源有效对接，全兴人员士气大增，重点工程有效推进。全兴酒业以一个新的形象出现在大众视野。他们肩负着振兴民族品牌、振兴民族产业的历史重任，发展全兴酒业的信心已经树立，意识已经形成，机会已经来临，行动早已开始，相信全兴酒业会有一个更美好的未来。

## 3.8 药香·董酒

### （一）品牌

贵州董酒股份有限公司位于世界三大名酒之乡贵州遵义，是中国老八大名酒；董酒的工艺和配方从 1983 年起三次被国家科技部和国家保密局列为"国家秘密"技术，2006 年董酒工艺配方被重申为永久"国家秘密"。

董酒制曲时加入 130 余味本草，小曲配以 90 多味本草入小窖取酒醅，大曲配以 40

多味本草入大窖取香醅；采用大曲、小曲发酵，双醅串香蒸馏的生产工艺，是中国传统白酒串香工艺的鼻祖。董酒秉承了平衡、和谐的传统中医养生理论，是传统中药制曲与传统白酒酿造结合使用的活化石。所酿之酒，酒液清澈透明、香气幽雅舒适、入口醇和浓郁、饮后甘爽味长、酒体丰满协调，堪称酒中极品。

董酒的生产历史可以追溯到魏晋南北朝（公元220—589年）以前。20世纪50年代产品送上级鉴定时，国务院总理办公室专门批示："董酒色、香、味均佳，建议加快恢复发展。"1963年，经全国评酒会严格筛选评定，董酒进入"中国老八大名酒"行列，之后连续三届荣获"中国名酒"称号，又获得中国驰名商标、中华老字号、非物质文化遗产、董香型白酒代表等殊荣。

董酒作为中国传统纯粮固态发酵白酒，其酿造体系独特、产品品质优秀、生物活性成分众多，健康价值非常突出。2013年10月20日，江南大学酿酒科学与酶技术中心应用正相色谱技术等科学手段对中国传统白酒进行检测分析；报告指出：从董酒中检测到52种萜烯类化合物，总量在3400 ~ 3600μg/L，居中国白酒之首！研究表明，葡萄酒中萜烯类化合物的总含量小于1000μg/L，所以从酒体的健康价值而言，董酒明显高于葡萄酒。

### （二）历史

董酒产于贵州北部的历史文化名城和酒文化名城——遵义。遵义，不仅以中国革命的转折点闻名于世，还以酿酒之乡而著称。

这里的酿酒历史十分悠久，据考古出土文物证明，早在旧石器时代，距今一二十万年前，遵义一带就有人类劳动生息。原始人类在和自然做斗争的实践中，逐步发现了含糖野花果的天然发酵，出现了远古时期最初的猿酒。

到了魏晋南北朝时期，这里的酿酒业就盛济一堂，出现了用杂粮酿制的"咂酒"。据《峒溪纤志》文献记载，"以米杂草子为之，以火酿成……"，杂草子即本草，可见，当时古人就以"天然植物（本草）参与酿酒"。

古人雍陶诗曰："自到成都烧酒熟，不思身更入长安"。当时遵义一带归四川辖，经济文化与蜀紧密相连，亦已出现经蒸馏而得的"烧酒"。公元1104年，著名诗人黄庭坚在黔桂交界的直州上任时，就曾与友人一起饮过三壶"酒"并认为"殊可饮",（遵义旧属）元、明之际，文献载有今云南、贵州两地的烧酒办法"一切不正之酒"经蒸馏"可得三分一好酒"。

16世纪后期，遵义历经了"平播战争"，结束了土司统治。战争结束后，不少内地官兵就在这里落户入籍，贵州小曲酒的生产得到迅速发展。至清康熙初年，仅董公寺到高坪不到十公里的地段，就有酿酒作坊十几家，在董公寺、刘家坝就有五、六家，在这些酿酒作坊中，要数连续几代以酿酒为生的酒坊所酿小曲酒最为出色。

经过董公寺一带的先人们不断收集民间有关酿酒、制曲配方进行研究、加以改进以及对董酒酿造工艺和配方的代代传承、不断总结、归纳和演进延续，最终形成了制小曲的"百草单"和制大曲的"产香单"。在制小曲的"百草单"和制大曲的"产香单"中，浓缩了集天地灵气、聚日月精华的130多种本草，不仅丰富了董酒的内涵，还赋予了董酒平衡、协调的机理。

抗日战争时期，浙江大学西迁遵义。教授们践行实地了解民情来到董公寺，在了解董酒的酿造工艺和配方、品饮董酒后，赞不绝口。教授们认为，此酒融汇130多种本草参与制曲，是百草之酒，是"药食同源""酒药同源"真正酿酒起源的传承者。而"董"字由"艹"和"重"组成，"艹"与"草"同意，"重"为

数量多之意，故"董"字寓意"百草"。同时，此酒产于低纬高原、冬无严寒、夏无酷暑、植被茂密、泉水甘醇的极其酿造美酒之地，加上独特的酿造工艺、制曲配方和香味组成成分，充分体现了天人合一、和谐共生的思想，使其成为最正的酒。而"董"字在《楚辞·涉江》"余将董道而不豫兮"中，其义正也、威也，有正宗、正统、正派、正根、威严、威重之意。"董"字本身的文化内涵与董酒的文化内涵具有传奇般的巧合。随即，教授们提议将此酒命名为"董酒"，希望董酒继续秉承"药食同源""酒药同源"的人类酿

酒真谛，传承发扬"百草之酒"。从此，董酒命名开来，蜚声大江南北。董酒还分别在 1963 年、1979 年、1984 年、1989 年的第二届至第五届全国评酒会上蝉联"中国名酒"称号。

### （三）文化

董酒坚守"传承为根、酒质为魂、董道为本、汇利及仁"的企业文化核心价值观，坚持继承与发展中国几千年传统白酒文化为企业使命，长期专一于为消费者提供健康的中国传统纯粮固态发酵工艺白酒，建设性地提出了和谐与共赢的厂商关系，极力倡导健康的饮用方式和生活态度，积极为中国传统工艺白酒的传承和发展做出更多贡献，让中国乃至世界的白酒爱好者在享受健康美酒的同时感受中国酒文化的神奇。

## 3.9 浓香·剑南春

### （一）品牌

四川剑南春（集团）有限责任公司是中国著名大型白酒企业，位于历史文化名城绵竹，地处川西平原，自古便是酿酒宝地。

剑南春入选全国重点文物保护单位和中国世界文化遗产预备名单的活文物——"天益老号"酒坊，其规模之宏大、生产要素之齐全、保存之完整，并且是仍在使用的活文物原址，举世罕见，是中国近代工业考古的重大发现。

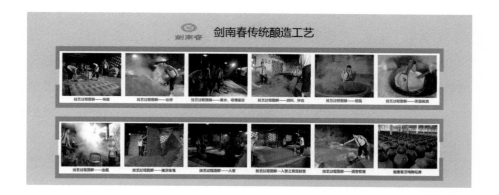

剑南春酒秉承传统工艺，并加以不断改进和创新。2005 年 5 月，中国食品工业协会向四川剑南春集团有限责任公司颁发了"纯粮固态发酵白酒认证标志"，成为国内第一个允许使用"纯粮固态发酵白酒"标志的企业。2007 年，剑南春耗时 8 年，结合大量人力、财力，潜心研发出鉴定年份酒的标准——挥发系数鉴别法，并获得了国家技术发明专利。2008 年 10 月国家发改委为全国 79 家"国家认定企业技术中心"企业授牌。作为传承至今的盛唐宫廷御酒，今日剑南春被国家授予"中国名酒"称号，"剑南春"牌、"绵竹大曲"牌被国家工商局认定为"中国驰名商标"，剑南春品牌被中国商务部认定为"中华老字号"，剑南春酒传统酿造技艺被文化部认定为国家级非物质文化遗产。

## （二）历史

剑南春酒的产地绵竹，酿酒历史已有三四千年。广汉三星堆遗址出土的陶酒具，绵竹金土村出土的战国时期的铜罍、提梁壶等精美酒器，东汉时期的酿酒画像砖（残石）等文物考证以及《华阳国志·蜀志》、《晋书》等史书记载都可证实：绵竹产酒不晚于战国时期。早在 1200 多年前，剑南春酒就成为宫廷御酒而记载于《后唐书·德宗本纪》，中书舍人李肇所著的《唐国史补》中也将其

列为当时的天下名酒。宋代，绵竹酿酒技艺在传承前代的基础上又有新的发展，酿制出"鹅黄"、"蜜酒"，其中"蜜酒"被作为独特的酿酒法收于李保的《续北山酒经》，被宋伯仁《酒小史》列为名酒之中。清康熙年间（公元 1662 ~ 1722 年），出现了朱、杨、白、赵等较大规模酿酒作坊，剑南春酒传统酿造技艺得到进一步发展。《绵竹县志》记载："大曲酒，邑特产，味醇香，色洁白，状若清露。"至 1949 年，专门经营绵竹大曲的酒庄、酒行、酒店已达 50 余家，绵竹大曲被称为成都"酒坛一霸"，而且还销往重庆、武汉、南京、上海等地。台湾《四川经济志》称："四川大曲酒，首推绵竹。"

1951 年 5 月，国营绵竹县酒厂宣告成立，这个厂就是今天"四川省绵竹剑南春酒厂"的前身。1958 年 3 月，酒厂从改变酿酒原料入手，进行科技攻关，试验出一种绵竹酿酒史上从未有过的新原料，用这种原料酿出了"芳、洌、甘、醇"恰到好处、风味更为独特完善的酒，这就是今天声誉卓著的中国名酒"剑南春"。

60 年代，酒厂采用"双轮底发酵"工艺，完善"勾兑调味"技术，找出"剑南春"基础酒的最佳储存老熟期，至此，"剑南春"生产工艺完全成熟。1963 年，剑南春酒被评为四川省名酒，获金质奖，1964 年，双沙醒色酒被评为四川省优质产品，获银质奖。剑南春分别在 1984 年和 1989 年的第四届和第五届全国评酒会上蝉联"中国名酒"称号。1988 年在香港举行的第六届国际食品博览会上，剑南春获国家金花奖。

1974 年，"剑南春"开始出口，远销日本、香港、澳门等地。1979 年，在第三届全国评酒会上获得"中国名酒"称号。"剑南春"、"绵竹大曲"等产品声誉日高，销售量大增，特别是党的十一届三中全会后，剑南春进入了大发展时期。

为了发展名酒生产，提高名酒产量，1984 年，中商部决定拨款 1430 万元，扩建剑南春酒厂。1985 年 10 月，扩建工程破土动工。1986 年 8 月 1 日试产出酒。中商部同意再拨款 3500 万元，扩建年产四千吨剑南春的第二新区。至此，"剑南春"进入了千古未有的黄金时代。

90 年代，社会的发展促进了剑南春的进步，改革开放极大地丰富了剑南春酒文化的内涵。跨入 90 年代后，剑南春人抓住历史机遇加快发展。1990 年起，投资近亿元，年产曲酒 6500 吨，占地近 400 亩的剑南春二期、三期扩建工程相继投产。1994 年，三星级大酒店也建成使用……剑南春以最新"史话"开始了宏伟的构思。

**（三）文化**

企业精神：团结，高质，开拓，创新，敬业，奉献。

价值观：为国家做贡献为企业创效益，为自己创造美好的生活。

经营理念：高质创新作先导，顾客需求为中心。

### （四）奇闻逸事

2008 年，5·12 汶川地震发生后，剑南春位于重灾区四川省绵竹的生产基地车间受损严重。当地居民称，剑南春储存的基酒大量流失，仓库外泄的酒液最多时一度漫过人的小腿。"地震中公司基酒和陈年酒损失比例在 30% ~ 40%，三个成品包装车间全部严重受损，综合损失超过 10 亿元。"张天骄称，损失的基酒中三年、五年、十年、三十年、五十年的存酒不等。"所幸的是最重要的 3 万个酿酒窖池无一受损，里面装储的大多是年份最老、价值最高的陈年酒，这正是公司的核心竞争力。"剑南春灾情公开后，外界曾一度对剑南春的复产能力担忧，并预测多年来稳定的"茅五剑"酒业格局将生变。剑南春的"老三"地位将被后面的泸州老窖赶超。张天骄会上表示："行内周知，剑南春的生产规模和储酒规模在白酒中仅次于五粮液，因此，剑南春损失后的基酒仍保留了 60% ~ 70%，这仍大大超过其他酿酒企业。"剑南春灾后重建的包装中心总面积达 38 000 平方米，其中新建 26 000 平方米，改建 12 000 平方米，新厂房采用两条法国进口线、三条国产线，每条生产线每小时可以灌装 6 000 瓶酒，全新包装的剑南春酒逐批发往全国市场。

## 3.10　浓香·洋河大曲

### （一）品牌

江苏洋河酒厂股份有限公司，位于中国白酒之都——江苏省宿迁市，坐拥"三河两湖一湿地"，下辖洋河、双沟、泗阳三大酿酒生产基地和苏酒集团贸易股份有限公司，是拥有洋河、双沟两大"中国名酒"、两个"中华老字号"的知名酒企。

洋河大曲产自于江苏省宿迁市宿城区的洋河镇，因地而得名，是名扬天下的江淮派（苏、鲁、皖、豫）浓香型白酒的卓越代表。

### （二）历史

相传洋河大曲早在唐代就已享有名声，其可考证的历史已有 400 余年。在明末清初，曾有九个省的客商都在洋河镇设立会馆，省内外有七十多位商人聚集于此，竞酿美酒，使洋河镇的酿酒业得到了空前发展。根据《泗阳县志》的记载，明代著名诗人邹辑在《咏白洋河》中写道："白洋河下春水碧，白洋河中多沽客，春风二月柳条新，却念行人千里隔，行客年年任往来，居人自在洋河曲。"

到了清代的雍正年间，洋河大曲已经在江淮一带热销，非常受欢迎，更得到了"福泉酒海清香美，味占江淮第一家"的美誉，同时还被列为清代皇室的贡品。在《中国实业志·江苏省》中也有记载说："江北之白酒，向以产于泗阳之洋河镇者著名，国人所谓'洋河大曲'者，即此种白酒也。"

在 20 世纪初，洋河大曲的生产有了进一步的发展。1915 年，三义酒坊所酿的洋河大曲在美国旧金山举办的巴拿马万国博览会上获得银奖。1929 年，裕昌源酒坊的大曲酒在工商部中华国货展览会上获得二等奖。截止至 1932 年，已有八家酒坊，年产量也达到了 6040 担，主要以洋河镇的聚源涌、逢泰、南王人及其他乡镇的树泉、润泉酒坊比较有名。流传数百年的"酒味冲天，飞鸟闻香化凤；糟粕落地，游鱼得味成龙"这副对联，是对洋河大曲最精彩的赞誉。

新中国建立后，政府拨出了专项款，在几家私营酿酒作坊的基础上，建立了国营洋河酒厂，经过几十年来对洋河酒厂的多次改造和扩建，现在已经成了中国著名的名酒厂家。洋河大曲具有色、香、鲜、浓、醇五种独特的风格，以其"入口甜、落口绵、酒性软、尾爽净、回味香"的特点，闻名中外，且分别在1979年、1984年、1989年的第三届至第五届全国评酒会上蝉联"中国名酒"称号。

2011年，洋河股份突破百亿元大关，实现营业总收入127.41亿元，成为江苏省宿迁市工业企业首家、江苏省白酒行业第一家、中国白酒行业第三家销售超百亿的企业。2011年3月11日，江苏洋河酒厂以12亿元收购江苏双沟酒业，双沟酒业成为洋河的全资控股子公司，洋河自此开始推行双品牌战略。

### （三）文化

"狮羊文化"体系结构：

核心文化：核心价值聚精神。

导向文化：三大导向指航程。

品牌文化：品牌塑造塑高峰。

核心价值观：以客为先，以人为本，以奋进者为纲。

企业精神：领先领头领一行，报国报民报一方。

企业使命：快乐健康。

企业愿景：酒业帝国。

核心竞争力：以品质为基础，以品牌为核心。

经营理念：以市场为导向，以效益为中心。

管理理念：遵循规律，科学管控。

执行理念：立即响应，科学执行。

人才理念：尊重个性，唯贤适用。

激励理念：鼓励想做事的，肯定能做事的，重用做成事的。

品牌核心价值：诚信致高，包容致远。

品质内涵：绵柔的，健康的，洋河的。

服务理念：关注不满意，解决最急需，追求您感动。

质量理念：品质为天，追求卓越。

**中国白酒历届国家级评比**

| | 时间 | 地点 | 中国名酒 |
|---|---|---|---|
| 第一届 | 1952 年 | 北京 | 四大名酒：茅台酒、汾酒、泸州老窖大曲酒、西凤酒 |
| 第二届 | 1963 年 | 北京 | 八大名酒：茅台酒、汾酒、泸州老窖特曲、西凤酒、五粮液、古井贡酒、全兴大曲酒、董酒 |
| 第三届 | 1979 年 | 大连 | 八大名酒：茅台酒、汾酒、泸州老窖特曲、剑南春、五粮液、古井贡酒、洋河大曲、董酒 |
| 第四届 | 1984 年 | 太原 | 十三大名酒：茅台酒、汾酒、泸州老窖特曲、西凤酒、五粮液、古井贡酒、全兴大曲酒、董酒、剑南春、洋河大曲、双沟大曲、特质黄鹤楼酒、郎酒 |
| 第五届 | 1989 年 | 合肥 | 十七大名酒：茅台酒、汾酒、泸州老窖特曲、西凤酒、五粮液、古井贡酒、全兴大曲酒、董酒、剑南春、洋河大曲、双沟大曲、特质黄鹤楼酒、郎酒、武陵酒、宝丰酒、宋河粮液、沱牌曲酒 |

## 2018 年中国白酒企业排名（销售额）

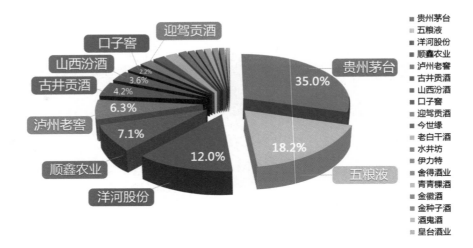

资料来源：香港中国白酒研究所，彭博，2017 年报。

（单位：百万人民币）

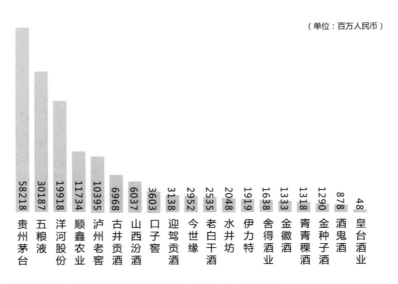

资料来源：香港中国白酒研究所，彭博，2017 年报。

## 2018年中国白酒企业市场占有率（市值）

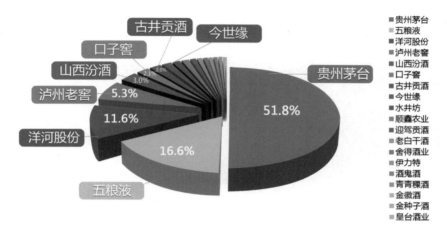

资料来源：香港中国白酒研究所，彭博，按2018年6月7日收盘价计算。

（单位：百万人民币）

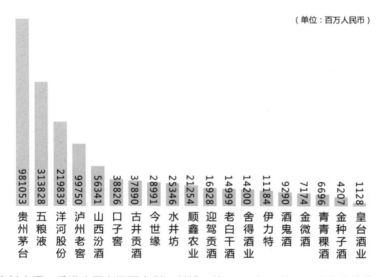

资料来源：香港中国白酒研究所，彭博，按2018年6月7日收盘价计算。

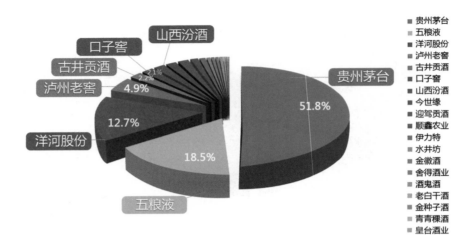

## 2018 年中国白酒企业排名（净利润）

贵州茅台 51.8%

五粮液 18.5%

洋河股份 12.7%

泸州老窖 4.9%

古井贡酒 2.2%

口子窖 2.1%

山西汾酒

图例：
■ 贵州茅台
■ 五粮液
■ 洋河股份
■ 泸州老窖
■ 古井贡酒
■ 口子窖
■ 山西汾酒
■ 今世缘
■ 迎驾贡酒
■ 顺鑫农业
■ 伊力特
■ 水井坊
■ 金徽酒
■ 舍得酒业
■ 酒鬼酒
■ 老白干酒
■ 金种子酒
■ 青青稞酒
■ 皇台酒业

资料来源：香港中国白酒研究所，彭博，2017 年报。

（单位：百万人民币）

|  |  |
|---|---|
| 贵州茅台 | 27079 |
| 五粮液 | 9674 |
| 洋河股份 | 6627 |
| 泸州老窖 | 2558 |
| 古井贡酒 | 1149 |
| 口子窖 | 1114 |
| 山西汾酒 | 944 |
| 今世缘 | 896 |
| 迎驾贡酒 | 667 |
| 顺鑫农业 | 438 |
| 伊力特 | 353 |
| 水井坊 | 335 |
| 金徽酒 | 253 |
| 酒鬼酒 | 176 |
| 老白干酒 | 164 |
| 舍得酒业 | 144 |
| 金种子酒 | 8 |
| 青青稞酒 | -94 |
| 皇台酒业 | -188 |

资料来源：香港中国白酒研究所，彭博，2017 年报。

# 第4章　中国白酒的投资与收藏

　　本章收录了笔者在香港《经济日报》每周专栏《神州华评》上发表的有关中国白酒的一些文章，主要以中国高端白酒的四大特性作为切入点，并辅以实例和数据做参考，通过海外名酒的投资收藏作类比，再结合时下一些热点资讯，围绕中国白酒的投资与收藏展开，发表一些个人的见解和观点，旨在让广大读者认识到中国白酒巨大的投资收藏价值和增值潜力。

## 4.1　高端白酒的凡勃伦特性

### （一）具凡勃伦特性的高端白酒越贵越好卖

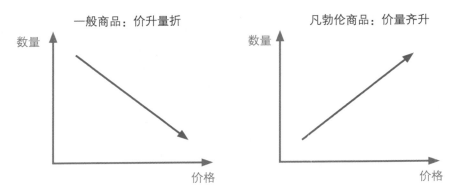

注：美国著名经济学家凡勃伦认为，消费者购买高价商品的目的并不仅仅是为了获得直接的物质满足和享受，更大程度上是为了获得心理上的满足。

2017 年 8 月 14 日，贵州茅台表现突出，接近收市时，股价突破 500 元（人民币，下同）大关，成为中国 A 股市场自 1990 年成立以来首只 500 元个股。收市后瞬即成为各大媒体积极报道的对象，更成为翌日香港主流纸媒的头条或重点新闻。

### （二）不会买贵更不会买错的茅台

支持茅台创新高的主要动力在于，市场预期飞天茅台（贵州茅台酒厂的主营品牌）提价在即。虽然茅台酒厂已无所不用其极，希望把零售价控制在 1299 元 / 瓶，但是在市场全线缺货的情况下，实际市场零售价已高达 1699 元 / 瓶，因此市场预期飞天茅台的出厂价提价空间巨大。这意味着茅台的未来业绩亮丽，是一只不会买贵更不会买错的股票。

高端白酒已被市场确认为盈利能见度最高的行业。自去年底开始，相关股份强力反弹，并瞬即成为散户和机构重仓的对象。这也是为什么笔者过去数月，屡次透过本栏详析高端白酒行业及其年份酒投资价值的主因。

### （三）泸州老窖股价表现胜茅台

然而，传媒报道茅台股价创新高的同时，没有告诉我们一个事实：茅台在三家高端白酒上市企业中股价表现最差。三大酒企股价虽然全面造好，但幅度不一。茅台、五粮液和泸州老窖年初至 8 月 14 日的回报（含股息）依次为：51.9%、69.8% 和 76.1%，茅台是表现最差的高端白酒股！笔者全面看好高端白酒行业，认同提价空间巨大，且具持续性，因此佳绩可期，股价动力十足。大家选择投资时，除茅台以外，也可以考虑透过深港通都可交易的泸州老窖。

回到上周讨论的年份酒价格形成的分析，除上周提及的品牌、现货新酒零售价和社会流通量等三大因素外，经济发展与消费水平的变化同样影响年份酒的价值和价格。

### （四）高端白酒越贵越好卖

从宏观层面来看，高端白酒具有高毛利的特点（茅台的毛利率高达92%！），而在经济增长周期中，高毛利的特性使其能够在长期通胀环境中更好地抵抗成本压力，另外因为高端白酒的绝对定价权令其能够将白酒精准地销售给对价格不敏感的消费群体，所以作为类奢侈品的高端白酒甚至可以表现出提价后销量更好的特性。经济学上称这种提价不折量（越贵越好卖）的商品为凡勃伦商品（Veblen Goods）。

19 世纪美国著名经济学家凡勃伦（Thorstein B Veblen）认为，消费者购买高价商品的目的并不仅仅为了获得直接的物质满足和享受，更大程度上是为了获得心理上的满足。具有这种"炫耀性消费（Conspicuous Consumption）"特征的商品被称为凡勃伦商品。

### （五）中产崛起支持年份白酒价格上涨

年份白酒价格不断上涨也确实与中国社会收入状况的演变表现出了正相关性。随着中国经济的发展，整个社会的收入状况表现出两个特点，第一是整体收入水平的提高，高净值人群和中产阶层壮大，二是收入分配向中间层转移，中产阶级可支配收入占比提高，这两个现象都对年份白酒的价格有明显的支撑作用。2015 年，城镇居民人均年可支配收入达到 31 195 元，高净值家庭户数为 207 万户，中国中产阶层人数约 1.09 亿，居全球首位；世界银行的统计数据也显示，中国收入水平居前 20%～40% 的人群收入占总收入的比例由 2002 年的 22.2% 提升至 2010 年的 23.2%；收入水平居前 40%～60% 的人群收入占总收入的比例由 2002 年的 14.3% 上升至 2010 年的15.3%。而中国经济飞速发展的这 10 年也正是白酒行业的黄金 10 年，年份白酒的投资收藏市场更是借着经济和行业的黄金发展期才获得了发展契机，初具规模。因此，高端年份白酒作为投资收藏品和价格弹性较高的类奢侈消费品，经济增长和消费水平提高也会对其实际价值和市场价格带来正向的影响。

其实年份白酒的价值除了受上述因素的影响，还受到很多其他非特定因素的影响，比如生产环境、历史背景及其相关酒企的股价等等，但不论怎样，年份白酒的不可再生性和消耗性是主导其价值不断提升的核心因素，在目前的市场中再去寻找几十年前的国宝级白酒，其难度和成本可能都不是一般的市场参与者所能接受的，但如果认可年份酒的价值和升值潜力，不如换个思路，在今天去投资具流通性的年份酒，也许会有意外的惊喜。

（原文刊载于香港《经济日报》《神州华评》，2017 年 8 月 17 日。）

## 4.2　高端白酒的硬货币特性

### （一）高端白酒已成为一大收藏投资目标

随着中国经济的稳步增长和社会消费水平的不断提高，白酒已成为继艺术品之后的另一大收藏投资目标，陈年老酒开始成为各大甩卖会的重要拍品，行业内聚集了大量的爱好者和投资者，也形成了具备一定规模的新兴市场。数据统计显示，2015 年年份白酒民间收藏市场交易总额约为 50 亿元（人民币，下同），而预计在未来的 3～5 年中，白酒收藏市场的规模将可以达到 300 亿元。

而白酒之所以能够成为一个新的投资收藏品类，与其越陈越香的特点是不可分割的，也就是说白酒的价值是随其收藏时间的增长而增长的（虽然收藏期间价格波动难免，但总体价格趋势向上）。当然，这并不是说所有的白酒都是存放的时间越长越好。从收藏投资的角度来看，酒精度数直接影响酒的收藏价值，一般而言，只有50度以上纯粮酿造的高度白酒因为不掺杂化工原料、性质稳定，才会随着存放时间的延长而表现出香味越浓郁且甜味甘醇的特点，也才能够成为投资收藏的目标物。

### （二）高端白酒投资收藏价值和市场表现价格呈上升趋势

那么白酒的投资收藏价值和其市场表现价格又受哪些因素影响呢？笔者认为它受四个层面的因素影响。首先是与品牌、香型和年份相关，其次是与同品类大流通现货商品的实际价格相关，再次是与产品的社会流通状况相关，最后是与宏观经济增长及消费水平相关。

从品牌、香型和年份来看，品牌代表着市场认受度和产品自身的质量，越知名的品牌其产品质量越高，社会消费量越大，也越容易成为具有市场公信力的硬通货（Hard Currency，又称硬货币）。目前以茅台、泸州老窖和五粮液为代表的白酒行业龙头品牌正是投资收藏市场中最受欢迎的几大品牌。而香型则是以白酒自身的特点来考虑其投资收藏价值，中国白酒主要的香型可以归结为酱香、浓香、清香和其他香型，而其中以酱香型和浓香型的投资收藏价值最高，一方面因为这两种香型覆盖了中国大部分的名酒，也是数千年来中国人饮酒喜好自然选择的结果，另一方面因为酱香型和浓香型白酒在酿造工艺上更加复杂，形成了较高的工艺门槛，提升了其收藏的价值。年份则是白酒时间价值的直接体现，目前在投资收藏领域最受青睐的也都是经历了一定岁月沉淀的年份酒。一般而言，年份酒贮藏的时间越长，其价值和价格也就越高。

另外，白酒的本质还是一种食品消费品，需要体现出其实际消费属性，即便是作为收藏投资品的年份白酒，其表现价格也与同品牌大流通商品的实际价格表现出正相关性。比如经典装国窖1573现货新酒零售价格上涨时，2009年版的经典装国窖1573年份酒市场价格也会水涨船高，反之亦然。回看飞天茅台年份酒与现货新酒之间的价格联动关系就十分明显。2013年时，飞天茅台市场零售价为 1500 元 / 瓶左右，而 2000 年生产的飞天茅台拍卖价格曾一度突破 10 000 元 / 瓶。而随着 2014 年限制公务消费，市场零售价跌破了 900 元 / 瓶，2000 年产飞天茅台的拍卖价格也回落到了 4 000 元 / 瓶的价格。近两年随着经济转型和消费升级，白酒行业迅速回暖，2017 年飞天茅台的零售价早已突破了茅台酒厂设置的 1299 元 / 瓶的红线，在某些地区突破了 1 600 元 / 瓶的价格，而 2000 年产飞天茅台的价格也重新上涨到 7000 元 / 瓶以上的水平。可见年份酒在收藏投资市场中的价格表现与现货新酒的价格紧密相关。

再来看产品的社会流通状况与收藏市场表现价格之间的关系。所谓社会流通状况主要指两个方面，一个是市场的需求量和消费量，另一个是社会留存总量。一些小作坊的白酒或者中低端的白酒由于流通量小，社会需求和消费总量也小，即便是存放了几十年的时间也较少有能够进入收藏拍卖市场的。相反，像飞天茅台、国窖 1573、水晶瓶五粮液这些流通量大的高端白酒，即便是只存放了 5 年、10 年，也会较现货新酒有明显的溢价，成为投资收藏的佳选，所以社会需求和消费总量是衡量年份白酒收藏投资价值的重要标准之一。

最后来看宏观经济增长及消费水平与高端白酒投资收藏价值及市场表现价格之间的关系。事实上，他们之间也表现出正相关性，原因主要有两个方面。第一，就高端白酒本身而言，其属稀缺资源（喝一瓶，少一瓶），且随时间自然增值（越陈越香，越老越贵），这使得其在通货膨胀过程中表现优异，具有保值和增值功能；第二，随着近年来国家供给侧改革的推行，推动着宏观经济增长及消费水平的提高，这使得产品的价格不再是主导大众消费的唯一要素，大众的消费观念里越来越注重产品的品牌和质量，这一点与泸州老窖这类高端白酒企业所推行的理念"少喝酒，喝好酒，喝年份"不谋而合。所以即使高端白酒的收藏市场表现价格随着宏观经济增长及消费水平的提升而增长，其销量都不减反增，由此看出，高端白酒的增值空间还是非常巨大。

（原文刊载于香港《经济日报》《神州华评》，2017 年 8 月 10 日。）

# 4.3 高端白酒的商品特性

近段时间以来，在投资领域有两个较为明显的变化趋势，其一是由主动投资向被动投资的转变，其二是由权益类投资向实物投资的转变。被动投资渐成主流的主要原因是从收益率角度考虑，主动投资模式的优势正在不断减小；而实物投资受到追捧更多是因为其投资风险的相对可控以及在 CRS 推行后对合理避税产生的新需求。

### （一）CRS 助力打击避税行为 优化资产配置成当下首要事宜

CRS（Common Reporting Standard）中文直译为"共同申报准则"，更准确的说法应该叫"全球税务信息互换"。它是 2014 年 7 月由 OECD（经合组织）发布的 AEOI 标准（金融账户涉税信息自动交换标准）的一个构成部分，旨在通过加强全球税收合作、提高税收透明度，打击利用跨境金融账户逃税行为。根据 OECD 官网显示，截至 2016 年 12 月 6 日，已有 101 个国家和地区承诺实施 CRS，涵盖了几乎所有的发达经济体，还包括像 BVI（英属维尔京群岛）、开曼、百慕大和瑞士等全球"离岸避税地"和"洗钱中心"，这些国家和地区分别在 2017 年和 2018 年实现首次金融账户信息交换，中国作为第二批 CRS 参与国，将于 2018 年 9 月后与 CRS 其他成员国或地区进行首次信息交换。

此次 CRS 的推行之所以引起强烈的反响甚至引起一些富人的恐慌，最主要的原因是其穿透性远超以往的各类税务信息互换体系。在 CRS 之前，世界上有大约 3000 多个避免双重征税的协定，其中绝大多数都包含税务信息的交换条款。但是，这些交换是根据申请进行，并非自动完成，申请时需要申请方提供一系列涉税的证明材料，过程繁琐，时效性较差，所以在实际税务监控中起到的作用非常有限。而 CRS 将是自动的、无须提供理由的信息交换，对于强化全球税收合作而言将起到更大的作用。这从 CRS 的运作方式上就有明确的体现。

CRS 的主要运作方式是带有强制性的，由参与国家及地区的金融机构，包括存款机构、托管机构、投资实体等，将非本国居民或企业的账户信息上交至本国的税务机构，然后各国税务机构进行这些信息的互相交换，其需要被动上报的资产类别包括存款账户、托管账户、现金值保险合约、年金合约、持有金融机构的股权／债权权益等等，其资产类别涵盖范围之广，合作国家地区之多，监察体系之完备，均可谓史无前例。

而随着 CRS 的临近，富人群体中病急乱投医的情况也开始出现，甚至有部分群体开始将资产转移至没有加入 CRS 的国家或地区，希望以此规避税务信息互换带来的潜在风险。但必须指出的是，贸然进行资产转移可能会带来更大的风险。实际上，CRS 的主要目的在于反洗钱和打击逃税，没有加入 CRS 的国家，会被视同为不配合反洗钱政策，当未参与国的资金进入参与国资金时，会在银行等金融机构被单独审查，最后很可能交易失败。而如果参考之前美国 FACTCA 的实施情况，为了避免不必要的麻烦，减少审查带来的额外的成本和工作负担，很多银行都明确公告，拒绝接收从非 CRS 参与国划转的资金。此外，诸如在非 CRS 参与过资产变现、资产安全、增值潜力等等问题，都将给财富的管理带来新的不确定性。

所以必须要澄清的一点是，虽然 CRS 的落地对于富人隐蔽资产会带来更高的难度，但对于合理合法持有海外资产的富人们来说也没必要将其视为洪水猛兽。因为 CRS 只是"申报"，并非"纳税"或是"增税"，CRS 更多的意义在于纠正，是对于那些故意隐瞒收入、逃避纳税义务的纳税人的一种纠正。以海外购买的保险为例，虽然保险机构也在 CRS 要求提交个人信息的机构范围内，但根据中国的税法，保险赔款是无须纳税的，对于保险理财产品带来的收益，虽然没有明文具体规定，但也还没有缴纳所得税的先例出现。所以对于 CRS 带来的影响，还要视实际的资产类别和各国法律而定，并非所有的海外金融资产都会"被征税"。对于还在担忧和恐慌的富人而言，避免病急乱投医、尽快强化个人税务规划、优化个人资产配置也许才是眼下最该做的事情，毕竟合理合法的税务规划也是对自己财富的一种保护。

### （二）CRS 监控仅限金融资产 名酒类实物投资可合理避税

回到 CRS 体系，在其监控的资产范围内，并非所有的海外资产信息都会被交换，而仅限于金融资产。比如在海外银行的存款、保险公司的带现金价值的保单、证券公司的股票、信托架构下的信托受益权或投资公司的股权等等。而以个人名义持有的房产、珠宝首饰、字画古董、名车名酒、飞机游艇等并不在此之列。所以，目前富人们为应对 CRS 首先要做的是对自己的资产做系统梳理，了解自己及家人及所控制的企业名下资产的情况，其次要根据个人资产分布的情况进行资产配置的优化，最后才要考虑是否需要对资产进行转移。比如房产和飞机游艇等虽然不在 CRS 监管范围之内且价值较为稳定，但流动性有限，变现能力较差，不宜进行全额配置，而像名酒（如中国高端白酒等）、珠宝等流动性较强且兼具增值潜力的资产类别虽然不必高比例配置，但也是确保资产流动性的必选项之一。

总而言之，CRS 的到来对于富豪群体而言绝非洪水猛兽，但同时也应给予足够的重视，以避免出现不必要的损失。这正应了一句名言，在战略上要轻视敌人，在战术上要重视敌人，对于 CRS，在心态上应带报以平常心，不必过于惊恐和担忧，毕竟其只是"申报"并非"征税"；但在具体的应对上应该做细致具体的规划，在资产配置上针对自身不同的需求和实际的监管力度，进行个性化的优化，在合法合规的前提下实现个人利益的最大化。

**（原文刊载于香港《经济日报》《神州华评》，2017 年 11 月 9 日。）**

## 4.4 高端白酒的文化特性

### （一）高端白酒作为中国文化输出的一部分走出国门

随着国力的日渐强盛，中国开始在国际范围内发挥更加重要的作用，扮演更加多元化的角色，曾经包含无奈和些许贬义的"Made in China"正在被充满自豪感的"中国制造"所取代。与此同时，中国也开始有意识地在商品出口的同时，加强对文化输出的重视。而中国白酒走出国门就是文化输出的一部分。

其实在不知不觉中，作为中国与世界联通纽带的香港，酒精饮料市场已经发生了变化。曾几何时，洋酒几乎占据了香港饮宴和休闲市场的全部份额，啤酒、干红、干白、白兰地、威士忌等等，可以说在香港只有想不到的洋酒，没有喝不到的洋酒。但与洋酒形成鲜明对比的是，中国白酒在香港却几乎毫无市场。曾经有这样的趣闻，有大陆游客专门到香港的商铺中以低廉的价格四处搜罗在店铺中摆放了很多年却无人问津的名牌高端年份白酒，这些落满灰尘的老酒回到中国大陆后却摇身一变成为市场争抢的名贵奢侈品。由此可见中国白酒在香港市场中的地位。但这些年来，白酒在香港的地位有了显著的提高，不论是酒席中还是商场里，无论是礼品店内还是拍卖场上，中国的白酒开始越来越多地出现在香港人的视野里，就连香港最繁华的维多利亚港上，也悄悄矗立起了三个醒目的广告牌，分别是茅台、国窖 1573 和五粮液，这让中国白酒为港人所识，也让中国白酒为世界所知。

问过一些香港朋友，他们多将这些变化归功于中国国力的提升和人民生活水平的提高。但对白酒略有所知后，笔者认为中国白酒在国际市场的崛起不仅仅是因为中国的强大，还有更多的因素在推动中国白酒影响力的提升。比如说拥有泸州老窖、五粮液和郎酒等知名酒企的四川省就出台了《关于推进白酒产业供给侧结构性改革加快转型升级的指导意见》，不遗余力地推进川酒的发展；再比如泸州老窖作为一家传承数个世纪的传统企业，屡屡在国际盛会中赞助亮相，不计成本地推动中国白酒走出国门；还有四川白酒交易中心和香港金融资产交易所这样的企业，勠力同心，探索中国白酒全新的商品属性和商业模式。而正是政府政策的支持、酒企义无反顾的投入和行业同道者们不懈的努力，共同改变着中国白酒的生存环境，为中国白酒带来了更加广阔的发展空间，此中国白酒行业之幸也。

### （二）高端白酒投资收藏需求大增

让中国白酒走出国门除了市场的宣传推广之外，其价值的提升和属性的多元化也是加速白酒渗透全球的一个全新思路。红酒之所以能够从西方进入中国市场，除了其消费品属性之外，投资收藏属性的开发功不可没，尤其是经历了姚明、赵薇等名人进入红酒投资市场引领的一波热潮之后，红酒真正为国人所知。而白酒同样具有越贮越纯、越放越贵的特性，一旦这一特性被世人真正认可，必然会令中国白酒在全球范围内的认知度提升到一个新的高度。藏酒的习惯在中国由来已久，几千年来，时代在进步，社会在发展，中国人的藏酒也从单纯的个人行为衍变成了颇具规模的白酒投资收藏市场。如何将中国白酒的投资收藏价值向世界展示，是能否加快中国白酒走向世界的关键之一。而在笔者看来，眼下正是向世界展示中国白酒价值的绝佳时点。有句话叫作世界上没有永恒不变的，唯一不变的就是变化本身。世界在变化，国家在发展，行业在进步，我们每一个个体也都在不断成长，只有抓住变化的趋势，顺势而为，才能在世事变幻中不被时代所抛离。那么未来的变化会是什么呢？可以归纳为，世界会变平，中国会变强，白酒行业会整合。地球村的概念已经深入人心，随着长板理论和精细化分工被越来越多的精英所认可，全球互联互通正在成为趋势，而无论对于想要走出国门的中国白酒来说，还是对想要更深入了解中国的世界而言，香港都是一个绝佳的纽带，所以，香港的平台功能是助力中国白酒走向世界的绝佳窗口。中国的国力日强、中国有意识的文化输出都会吸引到更多的关注，消费升级的大趋势也会刺激高端白酒价格和价值的不断提升，进一步吸引世界的目光投向高端白酒的投资收藏市场，合法合规的白酒买卖平台会成为市场中的稀缺资源和宝贵渠道，体现出更大的价值。此外，白酒行业自身的整合也是一个十分明显的趋势，近些年来，以茅台、泸州老窖、五粮液、洋河等龙头为代表的名优酒企正在白酒行业中占据越来越高的份额，未来由消费升级带动的消费习惯调整会令地方性酒企和中小型酒企的生存空间越来越小，高端品牌和龙头酒企将会成为行业整合的最大受益者。顺势而为自可事半功倍，在大环境的支持下，能够迅速发现行业变化趋势、占领优势资源者必将成为未来的赢家。

中国是酒的故乡，自酒祖杜康而后，白酒就成了中国几千年文化中不可或缺的重要组成部分，未来，随着白酒文化的输出、投资收藏需求的不断增长和高端年份白酒价值的不断提高，中国白酒将迎来更大的发展机遇和更广阔的市场。

（原文刊载于香港《经济日报》《神州华评》，2017 年 10 月 27 日。）

## 4.5  高端白酒三强鼎力，强者恒强

### （一）高端白酒三强鼎立优势明显

近两年来，白酒的高端化成了中国内地各大酒类企业发展的共同特点。行业中有句话，叫"做高端难，不做高端更难"，表明了从行业整体发展趋势来看，即便在明知会面临茅台、五粮液、泸州老窖等大品牌狙击的前提下，各大酒企依然义无反顾投入高端市场的行业趋势，各种缘由已于上文提及，在中国反贪反腐、消费升级和消费群体转型的行业背景下，只有真正体现出消费价值的白酒产品，才能在未来的白酒市场中占据一席之地，而高端品牌无论是在同类产品还是在异类产品上，都较地方品牌拥有更大的竞争优势。

相比众多酒企削尖脑袋实现高端化，本就处在高端白酒第一阵营的茅

台、五粮液、泸州老窖等几大品牌优势就更加明显。那么他们的优势又究竟体现在哪里呢?

首先,也是重中之重,就是要有好的产品基础。产品是一切的基础,它是决定白酒产品能否赢得市场的基本因素,没有好的产品,即便品牌可以不断地高端化,最终也会被市场所淘汰。相反,即便品牌曾经落后于市场,但只要产品足够好,重塑品牌并不困难。在这一点上,泸州老窖的国窖1573就是一个很好的例子。在几十年前,泸州老窖曾经是中国白酒行业的领头羊,但在改革开放时期,在茅台、五粮液等酒企选择向名酒转型的时候,泸州老窖选择了做民酒,这个决定令泸州老窖在之后的十几年里和茅台、五粮液在产品品牌上拉开了不小的距离,但虽然定位不同,泸州老窖酒类产品的质量并没有下降,在公司调整战略、转型高端白酒之后,短短几年的时间,就凭借产品稳定的质量和良好的口感吸引了大量的消费者,形成了稳定的客户群体,在一线酒企中稳稳站住了脚。所以说,有了好的产品做支持,才能够形成高端化的品牌忠诚度,才能让消费者持续买单。

其次,是酒企对于自身以及产品要有明确的定位。有句卖酒谣流传甚广:茅台卖贵,五粮液卖尊,泸州老窖卖老,水井坊卖高尚,洋河卖情怀,古井贡酒卖年份,汾酒卖馆藏,郎酒卖红,董酒卖密,酒鬼酒卖醉。一句话基本囊括了中国白酒企业中的一线品牌及其特点,其实这个特点也就是这些酒企的定位。茅台的贵天下皆知,不必细说。以泸州老窖为例,其最大的卖点就是历史悠久,所以无论是其高端品牌国窖1573系列产品,还是泸州老窖其他系列的酒类产品,都以其持续使用的400余年国宝窖池群为依托,突出一个"老"字,更是通过代代相传的酿酒技艺而确立了"浓香鼻祖"的地位,所以其定位和卖点全都围绕历史和文化传承这两点来进行。对于酒文化传承千载的中国消费者而言,一个"老"字已经一字值千金了,由于定位与中国的酒文化牢牢契合,所以泸州老窖在市场推广和产品销售的过程中收到了事半功倍的效果,逐渐坐稳了高端白酒市场的第三把交椅,且隐隐有继续前进的态势。

　　2017 年 2 月，国窖 1573 提升零售价至每瓶 899 元人民币，与五粮液的价格看齐，挑战五粮液第二把交椅的意图昭然若揭。投资市场更用真金白银向泸州老窖投下信任一票，泸州老窖股价在提价后迅即超过对手五粮液。而其配合中国梦以及红色电影等开展的市场推广活动也进一步巩固了其市场定位，提高了目标消费群体对其的认知度和认可度，是近年来白酒市场转型的著名案例之一。

　　此外，酒企还要对产品和品牌有一个设计鲜明的品牌形象体系，从而塑造高端化的品牌认知度。品牌高端化必须伴随良好的产品形象作为支持，这样才能更好地配合品牌的快速升级。市场能够记住的高端白酒大多有一个鲜明的品牌和产品形象。比如茅台的经典白瓷瓶，其成本可能只需不到一元，但因为其鲜明的形象，其潜在的价值却远远超出瓷瓶本身的成本。再如五粮液的经典玻璃瓶、国窖 1573 充满"古印"风格的残宋体字体设计和取自国旗的红黄色调、水井坊的狮子形象、洋河的蓝色视觉体验，等等。

　　即便不是好酒之人，相信只要提到上述任何一个高端白酒品牌的时候，消费者的脑海里都会浮现出相应的品牌形象和产品形象，只有建立起自身独特的品牌形象，才能够保证在众多的白酒品牌中，具有独特而鲜明的品牌联想，这是高端产品基础之一。

最后的一点，是有国际化的视野。相信不少人看到这句话都会笑，因为白酒只有在中国独特的文化背景下才会有市场，才会有消费者，向海外输出实在是有些异想天开。但笔者却持不同的观点，向海外市场推广确实很难，但说是天方夜谭却未必恰当。虽然酿造工艺不同，但世界各国都有各自的酒精产品和独特的饮酒习惯。归根结底，酒是一种能够活跃气氛、给人带来欢愉的饮料。就像西方文化渐入神州大地，洋酒在中国已经具有了很大的市场和很高的认受度。那么同样的道理，既然中餐可以远渡重洋在世界各地开花结果，在恰当的场合用恰当的方式喝恰当的酒，配合中餐逐渐将中国白酒渗透到国际范围内也并非什么无稽之谈。实际上，茅台借助高层互访、在海外免税店推出"中国鸡尾酒"、国窖1573通过"七星盛宴"赴美举办主题酒会，高端白酒企业已经开始尝试用不同的方式去叩响世界大门，而眼界和胸怀也正是高端酒企、一线品牌应有的素质和品格。

### （二）高端白酒具备中国"外交使者"的基础和条件

在这一点上，笔者认为，中国的白酒市场已经经历了充分开发，与其在自己的一亩三分地上争高下，不如在更广阔的的世界舞台上绽放出更加绚烂的色彩。当然，中国白酒实现国际化绝非一蹴而就的事情，在此之前还需要在文化渗透方面做更多的工作，但白酒行业应当有足够的信心，因为中国不仅有乒乓球，不仅有熊猫，白酒也是中国文化中极具风采和神韵的重要组成部分，具备成为中国"外交使者"的基础和条件。

（原文刊载于香港《经济日报》《神州华评》，2017年6月16日。）

## 4.6 缩小收入差距，提高高端白酒核心动力

### （一）高端白酒更加"大众化"

辞丁酉，戊戌至，对于刚刚过完 2018 年春节的中国老百姓来说，有一样东西一定是过年期间必不可少的，那就是白酒。正所谓无酒不成宴，在春节这个中国人最重要的节日里，又怎么能少得了白酒的身影呢！

今年的白酒市场，更是随着白酒行业爆发式的复苏而显得尤为火爆，尤其是一些高端品牌的白酒，更是呈现出供不应求的态势。不少媒体报道，虽然今年白酒的促销力度逊于往年，但销量却不降反升，不仅说明百姓的消费水平日益提高，而且反映出消费者的品牌意识也在逐渐增强，喝好酒的理念愈发深入人心。

辞旧迎新之际，再来回顾一下白酒行业在过去十几年里的起起落落。在 2003 ~ 2013 年的十年里，白酒行业经历了黄金十年，伴随着中国经济的高速增长，政商交往给白酒带来了大量的需求，高端白酒随之量价齐升。2012 ~ 2013 年间，中央出台了八项规定，开始对公务消费进行严格监管，再加上塑化剂风波，白酒行业跌入谷底。在经历了两年多的调整后，以高端白酒为首，白酒行业再度崛起，而此次的回暖主要得益于商务和个人消费的快速增长。数据统计显示，2011 年的国内白酒消费中，政务消费占 40%，商务消费占 42%，私人消费占 18%，到了 2014 年，政务消费下降到 5%，商务消费和私人消费分别上升为 50% 和 45%。2017 年 12 月，茅台集团董事长曾透露，茅台酒的政务消费占比已经下降到了不足 0.15%。如果再比照财富结构的新趋势来看，行业需求的变化就更容易理解了。《2017 中国私人财富报告》提到，2016 年，中国可投资资产 1000 万人民币以上的高净值人士数量达到 158 万人，2014 ~ 2016 年年均复合增长率达到 23%。与此同时，房价的持续上涨也令全体拥有房产的中产群体明显感受到了财富的提升，种种现象的叠加令高端白酒成了一种更加"大众化"的消费品。

### （二）高端白酒产品价格和股价上涨合理且可持续

那么高端白酒产品价格和一线酒企股价的双双上涨是否合理，又是否能够持续呢？此前资本市场中就有观点指出，一线酒企市值的快速膨胀是带有泡沫性质的，国家前进的基础在于科技的进步和经济的发展，不可能靠喝酒喝出一个美好的未来。最具代表性的就是在 2017 年年中时，曾有研究团队将白酒与军工行业做出了对比，提出了"中国人可以不喝茅台，但不能没有军用直升机，不能没有运 20、歼 20 和航母，更不能没有军工，茅台＋五粮液＋洋河市值总和 8 800 亿，三瓶白酒刚好就可以买下整个军工行业"这样的论点，从而得出白酒行业价值过分高估这样的结论。

我们先不论军工行业是否被低估，只看白酒行业的复苏是否合理。从资本市场的环境来看，在经历了 2015 年的股灾之后，投资者们逐渐开始相信价值投资，企业的真实业绩和基本面成为市场更加关注的因素，而以市梦率和讲故事著称的中小创企业逐渐被市场主流所抛弃。白酒行业恰恰在这样一个时点上进入了行业的复苏期，经历了行业的深度调整之后，借消费升级的东风和高端需求的回暖，高端白酒行业确实成了消费领域中估值最具吸引力且最有增长潜力的板块之一，可谓是物有所值。

此外，对于市场较为担忧的消费群体青黄不接的问题，其实也并没有那么严重。的确，年轻人相对更加偏爱洋酒和红酒，会对白酒的消费增长带来一定的压力。但实际上，白酒作为中国文化的一部分，在情感沟通和商务应酬的消费场景中，具有更强的适应性，随着年轻人社会阅历的增长和消费水平的提高，对于白酒的认受度和需求自然会逐渐提高。另外，白酒企业，尤其是一线酒企也早已开始强化自身产品的年轻化，不断提高在年轻群体中的品牌效应，这样也更容易在年轻人的消费习惯向白酒转变时，获得更多的市场份额和转化度。

### （三）缩小收入差距是未来提高高端白酒销量的核心动力

不过从更深层次的角度来看高端白酒行业的未来，真正能够令高端白酒行业保持稳定高速增长的核心因素不仅与消费升级相关，更与缩小收入差距相关。从统计资料来看，以高端白酒、豪华汽车等为代表的高端消费，与其景气程度相关性最高的，并不是居民可支配收入的平均增速，而是居民可支配收入的中位数，因为中位数比平均数更能准确反映普通民众的收入水平。

根据经济学家李迅雷的观点，虽然 2017 年中国居民人均可支配收入增长了 9%，高于 2016 年 8.4% 的增速，但居民可支配收入中位数的增速却由 2016 年的 8.3% 降至 7.3%。平均数增速高于中位数增速，说明高收入群体的收入增长更快。所以 2017 年高端白酒销量超过 20% 的快速增长实际上与中低端消费人群的消费升级并没有太大的关系。高收入人群收入快速增长，才是包括高端白酒在内的高端消费品销量大涨的主要动力。

所以，2018 年对于高端白酒行业来说，面临的增长压力其实并不小，因为高收入者的消费习惯对于居民总体消费习惯的影响并不大，当高收入者完成消费升级后，如果中低收入者的收入增长维持缓慢的话，消费升级有可能会出现短时间的断档。从这个角度来看，如泸州老窖（000568.SZ）这样兼顾高端和次高端品牌的一线酒企反而会在收入结构调整速度存在一定不确定性的大环境下，拥有更高的盈利确定性。这也是过去笔者不断重申"稳健买茅台，成长买老窖"的基础所在。

从整体环境来看，中国中低收入群体占总人口的 70%，高端白酒行业真正的发展动力和增长潜力，实际上来自于这个最庞大群体需求的爆发，当中国真正缩小了收入差距，中低收入群体真正提高了消费能力之后，才能为消费升级这个大的主题和愿景提供充足的动力。

**（原文刊载于香港《经济日报》《神州华评》，2018 年 2 月 22 日。）**

## 4.7　高端年份白酒收藏消费两相宜

### （一）高端白酒投资收藏优势明显

中国是酒的故乡，酒文化在中国几千年的传承中，几乎渗透到了社会生活中的各个领域。酒越陈越香、越久越醇，酒的价值会与贮藏时间共同增长这样一个概念也在中国千载酒文化的熏陶中深入人心。这也是为什么中国人不仅爱喝酒，也爱藏酒。状元红、女儿红，在孩童出生时埋下几坛酒，留待金榜题名或洞房花烛之时与亲朋尽欢，中国人藏酒的习惯古已有之，即便是跨越了百年千年，来到了二十一世纪，中国人依然喜欢贮藏名品佳酿，在人生的重要时刻与重要的人共谋一醉。而随着社会的发展和人们生活水平的提高，在纯粹消费和储藏的基础之上，一些高端特色的白酒

产品又被挖掘出了新的属性，那就是收藏和投资属性。白酒，尤其是高端白酒，在作为投资收藏品上有着天然的优势。

　　首先是高端白酒的稀缺性。所谓物以稀为贵，无论是投资还是收藏用途，认受度高且存量稀少的商品永远是有价值且有升值空间的。高端白酒生来具有这一特性。中国的白酒种类繁多，厂商各异，但公认的一线品牌和一线产品却屈指可数。这主要是因为高端白酒对酿造工艺、原材料、地理位置、气候环境等都有独特的要求，所以产量和产区受到极大的限制。比如酱香型的白酒只有在茅台镇的 7.5 公里核心产区内才能保证其酒体香而不艳、低而不淡、丰满醇厚的特性。而这 7.5 公里核心产区生产的酱香型白酒中，只有极少的一部分才能被称为茅台酒。再比如国窖 1573 必须由持续使用百年以上（历史最悠久的窖池自明朝万历年间一直使用至今，超过 444 年）并同时入选"全国重点文物保护单位"的老窖池发酵酿造，再配合被评为"中国非物质文化遗产"的泸州老窖酒传统酿制技艺，才能符合产品要求，而国宝窖池群总共的发酵池数量也只有 1619 口。在这样严格甚至于苛刻的条件之下，高端白酒的产量自然极为有限，其稀缺性自然毋庸置疑。

其次是高端白酒自身的贮藏能力和存储价值。白酒具有不易变质，能够长期储藏的特点，而这正是投资收藏品必须具备的。在此基础之上，高端白酒更具有随时间增值的独特优势，这使得白酒成了投资收藏的绝佳目标。众所周知，白酒会随着储藏时间的延长而变得更醇更香，而高端白酒在这一点上体现得更加明显，因此其价值也会随着时间的推移而上升。

再次是高端白酒的文化价值。白酒除了是一种饮料，更是中华文化的载体之一，无论是其背后纯手工酿造工艺的特殊性和复杂性，还是其承载的5000年文明的历史属性，都是高端白酒作为收藏品和投资品的加分项，这些绝非西方工业化或半工业化生产的蒸馏酒所能媲美。

## （二）建立第三方白酒产品投资收藏平台势在必行

除了高端白酒本身是投资收藏的优秀目标物之外，消费升级和白酒行业的快速复苏也为高端白酒的投资收藏需求提供了一个良好的市场环境。自2015年白酒市场回暖后，高端白酒产品的市场价格就持续上扬，茅台、五粮液、国窖1573等优秀白酒品牌的价值回归，使市场产生了对于高端白酒升值的强烈预期。一线品牌的频繁提价，加上线下拍卖市场不断传出天价白酒成交的新闻，这些共同推动了高端白酒投资收藏需求的不断升温。

但与市场需求并不匹配的，是目前流通环节的缺位。藏酒的行为并不少见，但却没有顺畅的流通变现管道。除了通过线下对一些国宝级白酒进行拍卖，社会留存和企业留存的大量具有收藏和投资价值的好酒始终单纯地停留在储藏和消费领域，虽然众所周知其价值会随储藏时间而增长，但无法得到真实体现，长期处在有价无市的市场环境之中。

想要解决这一问题，最直接的方式就是建立一个公开透明的第三方平台，由买卖双方在平台上自由交易，从而同时满足白酒产品的投资收藏和流通变现需求。在理想状态下，民间收藏的白酒产品有了流通的管道，有消费或投资需求的群体也有了获取商品的便捷途径，似乎是一个共赢的局面。

但落实到实际操作层面，有一个很现实的问题无法解决，那就是产品的质量难以得到保障。白酒，尤其是储藏了一定年份的高端白酒，是完全非标准化的商品，所以对于产品质量的鉴定，不仅需要依靠目前极其稀少的专业的白酒评鉴机构，而且还要对产品开瓶产生一定的消耗才能完成，这大大增加了藏品白酒自由买卖的难度。所以从实际出发，一方面既要满足日益大众化的高端白酒投资收藏需求，又要保障商品的质量和买卖双方的权益，较为可行的方式是依托大型酒企，与酒企达成合作，由酒企或酒企授权的销售机构直接供货来保障产品规模和产品质量，再由交易平台作为独立第三方对接供需双方，从而形成与传统酒类销售差异化的客户群体和销售管道。在这种新形态的销售系统之下，酒企提供的商品有别于正常的大流通商品，为消费者提供更加小众、更加稀缺、更有价值的独特白酒商品，而消费者也更多的是为了满足特定需要和对白酒产品的投资收藏需求而进行买卖，各取所需，互不干扰。

从长远来看，一个完全开放的、能够接纳民间藏品的全流通平台是最能挖掘和体现白酒收藏和投资价值、最符合市场需求的载体。但在国内白酒投资收藏市场刚刚起步的当下，还是应当步步为营，小步快走，让供货方卖得安心，让消费者买得放心，为市场参与者营造一个安全、健康的环境，也为市场未来的发展奠定一个坚实的基础。

近几年，中国内地资金泛滥，投资目标严重不足，能流通的实物资产缺乏，市场一直闹"金融资产荒"。高端白酒与房地产同为实物，摸得到、看得见，但房价在天，交易成本高；高端白酒价格在地，交易成本低。这使高端白酒成为收藏、消费两相宜的目标物。

（原文刊载于香港《经济日报》《神州华评》，2017年6月22日。）

## 4.8 茅台虽飞天，股价无泡沫

近期朋友圈最流行的一则笑话是这样的："茅台到了这个价格，一些朋友让我站在专业的角度分析一下茅台有没有泡沫？今天在此统一答复：国酒茅台是属于酱香型白酒，没有泡沫，有泡沫的那叫啤酒！"

这则笑话产生的缘由是近一个月来 A 股茅台的惊人涨势。作为一只 A 股著名的白马股，2017 年 9 月 25 日，贵州茅台成为中国 A 股第一支稳定突破 500 元人民币大关的股票，而仅仅 32 天后，其股价就再次突破 600 人民币元大关，以 649 元人民币的价格收盘，一个月的时间涨幅达到 28%。而 2017 年年初时，茅台的股价才刚刚达到 300 多元，10 个月的时间，茅台的市值几乎翻了一倍。

### （一）券商继续唱升

股价的强势与茅台公司强劲的业绩密切相关，10 月 27 日，公司公布了 2017 年三季报，前三季度营收 425 亿人民币，同比增长 59%，归属母公司净利润 200 亿人民币，同比增长 60%。期末预收账款 174.7 亿人民币，环比基本持平，仍然维持历史高位水平。三季度营收 190 亿人民币，同比增长 116%，归属母公司净利润 87 亿人民币，同比增长 138%。在超预期业绩的支撑下，各大券商也纷纷上调对茅台的估值，普遍给出了超过 800 元人民币的目标价，市场中一片唱好声。

那么名实相副的"飞天"茅台能够一直高高在上的原因究竟是什么呢？相信一般人给出的标准答案肯定是"酒好"，诸如"口感厚重、不上头、香甜、有益健康"之类的描述相信连不喝酒的人都能讲得出来。诚然，茅台作为中国国酒，无论是在其口感、气味、工艺还是品质等方面，必然有其过人之处，对于很多专业人士或资深酒友而言，也确实是一款不可多得的精品酒精饮料。但同时，茅台的主属性是一种消费品，对于一般的非专业购买者们来说，又有多少人能够真正了解并体会到茅台的与众不同之处呢？曾经有过一则真实的趣闻，说朋友几人均好饮酒，于酒宴之上取自带茅台对酌，酒尽未酣，遂向餐厅购茅台一支续饮。但几人尽觉餐厅之茅台口味不同于前，而自带茅台之人又与酒厂关系甚密，故几人均以为餐厅贩卖假酒，但餐厅之酒乃茅台酒厂直供，证据确凿。几经周折，发现乃自带茅台之人司机偷换车中茅台，以假充真。同样的事情在专家身上其实也发生过。据说在 1984 年全国第四届评酒会上，场上的一些评委就无法分辨出郎酒和茅台的区别。这些其实说明了一个问题，即便是好酒爱酒甚至专业品酒之人，有些时候也并不能真正辨别出酒的口味与品质。那么问题随之而来，既然大多数消费者都无法分辨酒的真伪和优劣，那么以茅台为代表的高端白酒为何却能一路高歌猛进，销售量价齐升呢？

### （二）社交投资产品

笔者以为，实际上，以茅台、五粮液、国窖 1573 为代表的高端白酒，早已不再是单纯的消费品，而是演变成了一种社交产品，甚至是线下社交场景中高消费群体的一类社交刚需。根据茅台给出的数据，自 2012 年政府打击三公消费之后，公务消费占茅台总消费的比例就已经从 30% 跌至了 1%。然而茅台的销量却从未下跌，这 29% 的市场缺口，正是由普通消费者填补的，而这其中社交需求发挥了巨大的作用。如果说线下销售还存在着一定的政务需求，对消费行为的判断有一定的影响，那么线上的数据应该更能说明消费者的实际需求。根据京东茅台销售数据计算，在茅台的全部线上销售中，送人和自用的比例约为 1.5 比 1，这很好地说明了社交需求在茅台销售过程中起到的作用。正如有位茶商曾经诉苦说："你请人喝一瓶或送人一瓶茅台，对方知道值 1500 块；而你请人喝或送人一盒 1500 块钱的茶叶时，对方总是将信将疑。"虽然其目的是要指明高端茶叶生意不好做，但却从另一个方向指出了茅台的礼品和社交属性。

而从消费者层面来看，茅台的售价虽然在不断提高，但以购买力计算的真实价格反而是在下降，这也意味着越来越多的消费者，尤其是正在不断壮大的中产阶层成了茅台的消费者。根据网络统计数据，1980 年，飞天茅台实际价格 20 元，全国平均工资每月 47 元，每月工资可买 2.5 瓶茅台；1990 年，飞天茅台零售价 200 元，全国平均工资每月 200 元，每月工资可买 1 瓶茅台；2000 年，飞天茅台零售价 220 元，全国平均工资每月 800 元，每月工资可买 4 瓶茅台；2010 年，飞天茅台零售价 1000 元，全国平均工资每月 3000 元，每月工资可买 3 瓶茅台；2017 年，飞天茅台零售价 1300 元，全国平均工每月 6000 元，每月工资可买近 5 瓶茅台。从上述数据可以看出，2017 年已经是自 1980 年以来，消费者最能喝得起茅台的年代了。这也从另一个角度支撑了茅台量价齐升超预期增长的业绩，以及未来一段时间内茅台的经营前景。

### （三）专场拍卖有价

所以，如果要说茅台究竟有没有泡沫，笔者认为也许会有，但即便有也不会很大。从短期来看，以茅台为代表的白酒行业基本面向好，会吸引一部分做估值切换的资金进入；从中长期来看，茅台和白酒行业作为具有社交属性的消费板块代表，无论是对境内资金还是境外资金，在配置资产时都是很好的选择；从更长期来看，消费板块一直就是牛股的摇篮，在中国整体经济长期健康稳定发展的前提下，消费必将成为最具成长潜力和增长前景的板块，而板块龙头也将是最有价值的投资标的。当然，股市永远没有只会涨的股票，对于那些对资本市场保有戒心又认同白酒行业和消费领域发展前景的人来说，持有实物资产也不失为另一种不错的选择，茅台的专场拍卖已经举办了不少次，国窖 1573 的年份酒交易也在交易平台上如火如荼地开展，还有很多其他高端白酒也在陆续向实物投资领域进军，所以，想要参与到高端白酒市场的高速增长中，股市并非唯一的选择。

**（原文刊载于香港《经济日报》《神州华评》，2017 年 11 月 2 日。）**

## 4.9　稳健买茅台，进取拣老窖

进入 12 月份，又到了证券分析师们忙碌的日子。旧的一年即将结束，新的一年即将到来，为了更好地回顾过去、展望未来，证券分析师们常常要来往奔波于各大券商召开的投资策略会之间，抓紧一切时间与同行们交流沟通。笔者也作为圆桌讨论嘉宾，受邀参加了一些中国内地券商的投资策略会，并拜读了不少券商的最新投资策略报告，结合自身在中国内地的一些所见所闻，形成了一些观点，在此也与各位读者分享，供大家作为 2018 年的投资参考。

### （一）居民可支配收入五年增 60%

综合各大券商的策略报告，基于对外部环境和内生动力的不同判断，市场对房地产和银行这两个最重头的板块看法不尽相同，但对于白酒股，尤其是高端白酒股这个在 2017 年异军突起的黑马板块，市场的观点却出奇地一致，给予了肯定和认可。支持市场普遍看好高端白酒股的核心因素，是收入结构调整带来的社会整体可支配收入的提升。数据统计显示，2012 年，中国居民的人均可支配收入为 2047 元人民币，而机构预测到 2017 年，中国居民的人均可支配收入将可上升至 3330 元人民币，涨幅超过 60%。回看同期高端白酒的价格变化，从 2013 年年初至今，以茅台、五粮液和国窖 1573 为代表的高端白酒却因为行业调整的原因导致零售价降幅超过 30%。高端白酒价格与居民收入比在过去的几年中大幅下降，这不仅意味着居民对于高端白酒的购买力将会有明显提升，同时也意味着高端白酒提价的空间依然很充足。在未来的一段时间里，高端白酒企业既能享受提价带来的利润率提升，又能享受增量带来的销售额增长，量价齐升的经营环境得到了市场的普遍认同，较高的盈利可见度也能够支撑较高的估值，为股价的进一步上升奠定了基础。

从大的社会背景来看，消费升级和拉动内需消费也是高端白酒行业稳定快速发展的重要支撑。固定投资边际效益越来越低、制造业成本上升令出口贸易增长放缓，中国未来的经济增长必须依靠内需消费来拉动；而收入结构调整带来的中产阶级迅速增长也令消费升级成了必然的趋势。白酒是中国独特的消费品，是餐饮文化中重要的刚性需求，是内需消费的组成部分之一，高端白酒更是典型的消费升级替代品，由此可见，高端白酒行业将是中国经济结构转型的大环境中最直接的受益者。

### （二）白酒行业的周期约为 8 年

从行业周期的维度来看，也能为白酒行业未来的持续向好提供一定的佐证。历史数据显示，白酒行业的周期约为 8 年。90 年代，白酒行业持续景气了 8 年多的时间，而 2000 年后，白酒行业的景气同样持续了约 8 年的时间，历史数据虽然不能作为支撑白酒行业向好的绝对例证，但也具有一定的参考价值。本轮白酒行业调整从 2012 年底开始，到 2015 年筑底，经历 2016 和 2017 两年的复苏，按照 8 年的周期计算，在未来市场没有突发变化的情况下，仍将有数年的时间可维持行业持续向好。

一直以来，笔者都十分看好中国高端白酒行业的发展，并自今年年初开始推介 A 股的高端白酒股，其中尤其看好茅台和泸州老窖。茅台作为酱香白酒鼻祖，以其超高的市场认受度和绝佳的量价调控能力成为 A 股最稳定的白马股，为稳健投资者的首选；而泸州老窖作为浓香白酒鼻祖，拥有深厚的历史底蕴，又有品牌复兴的决心，提价空间较茅台大，产能提升能力较茅台高，即将进入后发制人的快车道，为进取型投资者的不二之选。

（原文刊载于香港《经济日报》《神州华评》，2017 年 12 月 7 日。）

## 4.10　泸州老窖完胜巴郡，品牌复兴剑指万亿

2007 年 12 月 19 日，巴菲特在 Long Bets 网站上发布"十年赌约"，以 50 万美金为赌注。他主张，在 2008 年 1 月 1 日至 2017 年 12 月 31 日的十年间，如果对业绩的衡量不包含手续费、成本和费用，则标准普尔 500 指数的表现将超过对冲基金的基金组合表现。在巴菲特提出赌约之后，数千名职业投资经理人中，只有 Protégé Partners 的联合经理人 Ted Seides 响应挑战。

### （一）标准普尔 500 十年回报远胜对冲基金

巴菲特选择了标准普尔 500 指数作为他的投资组合，而 Ted 则精挑细选了 5 只基金中的基金（Fund of Fund，FOF）构成了他的投资组合，这 5 只基金中的基金实际投资了逾 200 只主动投资基金。也就是说，巴菲特是在用一个市场的标志性指数傻瓜式地迎战全球 200 多位精英投资者的投资组合，听上去似乎实力对比悬殊，但结果却令人大跌眼镜。

### 标准普尔 500 十年回报远胜对冲基金

| 年度 | FOFA | FOFB | FOFC | FOFD | FOFE | 标准普尔指数基金 |
|------|------|------|------|------|------|------------------|
| 2008 | -16.5% | -22.3% | -21.3% | -29.3% | -30.1% | -37.0% |
| 2009 | 11.3% | 14.5% | 21.4% | 16.5% | 16.8% | 26.6% |
| 2010 | 5.9% | 6.8% | 13.3% | 4.9% | 11.9% | 15.1% |
| 2011 | -6.3% | -1.3% | 5.9% | -6.3% | -2.8% | 2.1% |
| 2012 | 3.4% | 9.6% | 5.7% | 6.2% | 9.1% | 16.0% |
| 2013 | 10.5% | 15.2% | 8.8% | 14.2% | 14.4% | 32.3% |
| 2014 | 4.7% | 4.0% | 18.9% | 0.7% | -2.1% | 13.6% |
| 2015 | 1.6% | 2.5% | 5.4% | 1.4% | -5.0% | 1.4% |
| 2016 | -3.2% | 1.9% | -1.7% | 2.5% | 4.4% | 11.9% |
| 2017 | 12.2% | 10.6% | 15.6% | N/A | 18.0% | 21.8% |
| 累计回报 | 21.7% | 42.3% | 87.7% | 2.8% | 27.0% | 125.8% |
| 年均回报 | 2.0% | 3.6% | 6.5% | 0.3% | 2.4% | 8.5% |

资料来源：彭博社，2018 年。

如图所示，除了 2008 年因为金融海啸，对冲基金可以通过降低仓位来减少损失从而打败了必须追踪市场走势的指数基金之外，其他的 9 年中对冲基金构成的组合可谓是一败涂地。

#### （二）A 股市场主动投资回报占优

这场赌局再次证实，在成熟市场中，被动投资的表现往往要优胜于主动投资。但同时，历史数据显示，若赌局发生在 A 股市场，结局或会完全不同，大概率将以巴菲特的完败而收场。根据数据统计显示，2008 年前成立的 5 只 A 股的被动型指数型基金 10 年（2008-2017）总平均收益率为 -11.61%；7 只增强型指数型基金 10 年总平均收益率为 9.93%。而同期的 173 只主动管理型股票型基金 10 年总平均收益率高达 26.76%，完全跑赢了同期各类指数型基金。同为股票市场，同为十年之期，结果迥异，主要源于市场成熟度的不同。

#### （三）巴郡于成熟市场获稳定超额收益

在成熟市场中，企业经营环境稳定、企业自身发展稳定、市场对企业的估值合理，除了偶有小量新兴行业或新兴领域的爆发带来短暂的投资机会之外，由蓝筹股所主导的市场指数，往往代表了市场的最高效率。所以主动管理模式想要通过择时和择股来战胜市场，难度很大；相反，在以 A 股市场为代表的新兴市场中，政策环境变化快、企业自身发展变量大、市场对企业的估值也存在较大波动，就连指数成分也会发生调整和变化。

因此，如果能对某一领域或某一行业有深入的研究和深刻的理解，主动管理模式完全可以通过择时和择股，打败效率不稳定的市场指数。这也是为什么巴菲特选择了在资本市场发展最成熟的美国进行这场赌局，而非其他市场。

成熟市场的高效带来了相对稳定的回报，但要想获取超额收益，却是难上加难，巴菲特之所以能够被冠以"股神"之名，正是因为他所管理的巴郡公司（Berkshire Hathaway）能够为成熟市场中的投资者带来稳定的超额收益，以卓越的投资表现鹤立鸡群，令人无法逾越。

### （四）泸州老窖上市以来回报率超巴郡

为方便后文的对比，这里截取了巴郡自 1994 年 5 月 9 日至 2017 年 12 月 31 日的总回报，其总回报率（含股息）为 12.7 倍（年均回报 11.7%），这一表现是上证综指的 6.9 倍（年均回报 9.1%）、标准普尔 500 的 6.2 倍（年均回报 8.7%）和恒指的 4.8 倍（年均回报 7.7%）。

虽然新兴市场效率低、波动大、投资目标良莠不齐，但这些特征却为投资者提供了很多获取超额收益的机会。以笔者一直推崇的泸州老窖为例，1994 年 5 月 9 日上市，到 2017 年 12 月 31 日止，总回报率为 75.7 倍，折合年均回报率 20.1%，大幅跑赢巴郡同期的 12.7 倍（年均回报 11.7%）。而更能体现新兴市场特点的是，泸州老窖这家收益率爆表的企业，并非来自具有爆发成长性的新兴产业，也非生产黑科技的未来产品，而是来自最传统、最古老的酿酒行业，靠着千余口连续使用百年以上的窖池生产着历史最悠久的产品——白酒。就是这样一个传统的企业，却在资本市场的波澜起伏中稳健前行，为投资者们带来了远超巴郡的投资收益。

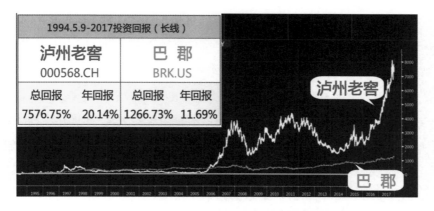

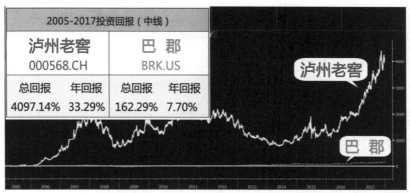

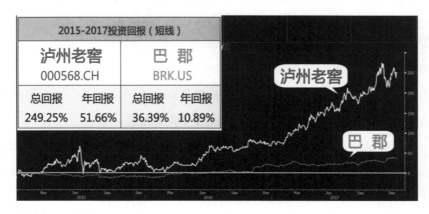

资料来源：彭博，2018 年。

有人说 A 股的价值投资已死，甚至有论调说，一个 A 股投资者如谈到基本面，那么他就已经输了（原话是：一提价值投资，你就输了！）。但笔者不这样认为，记得 2003 年，合格境外机构投资者计划（Qualified Foreign Institutional Investor，QFII）推出之初，境外机构所奉行的价值投资在中国内地曾掀起一波热潮，各大网站、分析软件，都为投资者开设专门栏目或板块，以捕捉和披露 QFII 的投资动向，共同参与价值投资的盛宴。时至今日，QFII 已推行了 15 年，虽然价值投资的信奉者在 A 股大减，但价值投资的价值却仍存在，尤其是在 A 股这样一个典型的新兴市场中，价值投资更有着巨大的潜力等待投资者挖掘。

而这其中，笔者不得不老生常谈地再次看好白酒行业。有朋友曾言，在中国内地有两个行业的利润最高，一个是烟，一个是酒。中国的白酒，尤其高端白酒既是文化传播的载体，又是消费升级的受益者，是实属价值投资和长线投资的不二之选。而这其中，笔者重申"稳健买茅台、进取买老窖"的观点，贵州茅台（沪：600519）的优势不必多言，从其股价表现可见一斑。

而泸州老窖的潜力却仍被很多投资者所低估。作为中国曾经的白酒一哥，泸州老窖虽然在改革开放时，因为选择了取"民酒"而舍"名酒"，将行业老大的地位让于直取高端的茅台和五粮液，但究其根本，白酒行业的核心竞争力在于产品的独特性、稀缺性和品牌的文化底蕴，有国务院颁发的国宝级窖池群为产品作保障，有传承 400 余年未曾间断的酿造技艺为企业注入灵魂，相信自去年 11 月开始推动的泸州老窖品牌复兴计划（回到酒老大那些年），更可为投资者带来惊喜，具长线投资价值。

**（五）受惠消费升级机遇，长线投资推荐泸州老窖**

今年年中，A 股将历史性加入 MSCI 的大家庭，含泸州老窖在内的指数股，将直接受惠于 MSCI 相关的被动投资，而 MSCI 的指数股定必迎来更多的市场研究和关注。在全球普遍认为中国崩溃沦已不复存在的情况下，A 股很有可能迎来价值重估的机遇，而过去为中国内地散户所遗弃的价值投资目标，将首先受惠。像泸州老窖这些民生相关的行业龙头，既受惠于整体经济环境持续向好，又得益于确定性很高的消费升级机遇，加上过去 23 年来大幅跑赢巴菲特主理的巴郡 6300% 的底气，相信能吸引一众境内外长线投资的关注。

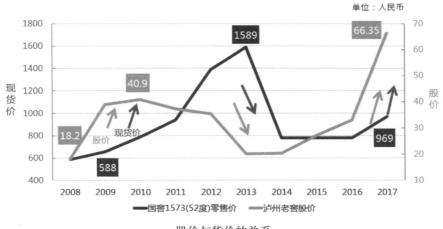

股价与货价的关系

资料来源：彭博，香港中国白酒研究所（截止 2017 年 12 月 31 日）。
注：股价是现货价的领先指标：股先涨，货后涨；股先跌，货后跌。

如果我们错过了过去 23 年的泸州老窖，建议不要错过未来的泸州老窖。笔者相信中国的消费行业，特别是甚具中国特色的白酒行业（中国白酒自然垄断，只产于中国内地），即将孕育出数家世界级的、市值超万亿元人民币的巨企。现时茅台距万亿元市值仅一步之遥，而锐意复兴品牌、曾经的酒老大目前市值只有茅台的十分之一！

**（原文刊载于香港《经济日报》《神州华评》，2018 年 3 月 15 日。）**

## 4.11 致敬秉承工匠精神的中国白酒

### （一）对中兴核心供件和核心技术缺失的深思

近几周来，朋友圈最火爆的话题要算是美国计划对中兴（763）进行约 9 亿美元的罚款并禁止美国公司向中兴销售电子技术或通讯组件的新闻。事件由中美贸易战而起，热度随着网络的发酵而不断升级，直至日前中国商务部出面斡旋，仍未能得到妥善解决。

如果此次惩罚落实，意味着中兴将会在 20% ～ 30% 的核心零部件上出现完全断货的情况，目前中兴的存货还能支撑 2 ～ 3 个月的时间，如果在这一时间段内事件未能得到缓解，将会对中兴的主营业务带来巨大的打击。中兴是全球第四大手机生产制造商，曾跻身世界 500 强的行列，也是中国高新技术领域的标杆企业之一，可美国的一纸罚单却轻松撕下了皇帝的新衣，人们陡然间发现，原来即便是这样的身份地位，在核心零部件上却还是完全受制于人的。事件的发生自然引起了全社会舆论的关注和热议，芯片国产化这个话题的热度也随之直线上升，似乎无论是业内或是业外人士，都能就芯片国产化说出个一二三来。

**（二）秉承工匠精神的中国白酒**

作为一个对芯片行业没什么深度了解的非专业人士，笔者自忖无指点江山之能，但对于此次事件背后所体现出的中国对于核心技术的缺失和自主研发的羸弱，或者更进一步来说，所体现出的中国工匠精神和对工匠精神尊重的匮乏，笔者有话要说。

提起工匠精神，相信绝大多数人都会想到邻国日本，日本对于工匠精神的传承和尊重造就了无数的大师级行业，也为日本制造在全球赢得了极高的口碑。小到捏寿司、种苹果，大到做芯片、造汽车，秉承着工匠精神的专注、耐心、坚持和积累，日本少有做不好、做不精的事情。这些天看过一篇日本与中国芯片制造业的对比，对其中一段话感触颇深。日本其实与中国一样，在缺乏核心技术的时候，都干过解剖芯片显微摄影后再山寨制造的事情。但日本在对芯片进行解剖之后，不仅一定要全部搞懂里面是什么设计、为什么这样设计，甚至还要对原设计进行纠错并进一步优化，这一做法令日本的山寨货无论是性能还是质量往往都能超过原装货。对工匠精神的长期推崇最终引发质变，带来了一个直接的结果，那就是今时今日，几乎所有的日本国产货，往往都能在某些层面优于进口竞品，日本制造成了质量的代名词。而在中国，山寨往往就意味着单纯的山寨，快和便宜是唯一的标准，而即便是商家自己，也多对自己的产品信心欠奉，为了卖得好、卖得贵，恨不得把商品全贴上进口标签，而像格力、美的这样有社会责任感和危机感的优秀企业，终究还是太少了。归根结底，时下的中国是快餐盛行的时代，或者说是一个浮躁的时代，社会的主流意识多是极端的功利和极端的结果导向，短平快、稳准狠是基本常态，也是社会竞相效仿的物件。而工匠精神这种秉承精益求精的理念，依靠专注、耐心、长期的坚持和不断的积累来取得成果的态度，似乎每一点都与社会的潮流趋势背道而驰，而正是社会主流意识对工匠精神的舍弃，令中国的快速发展缺失了最坚实的基础，快则快矣，却难以牢靠。

　　当然，即便是在这样的时代大潮中，在中国秉承着匠人精神的行业、企业和个人也依然存在，且不在少数，酿酒行业就是其中之一。这些天的网络讨论中，有论调将中国自主研发的羸弱归咎于资本市场的不称职，认为中国的资本市场不能有效为真正需要资金的高新技术企业输血，甚至更进一步嘲讽市场，既然资本市场把茅台炒得那么高，为什么不让茅台去和西方的高新技术企业对抗？这句话的前半句笔者极为认同，中国的资本市场确实存在着明显的赚快钱效应，尤其是对于风投领域和所谓的中小板和创业板，其初衷本应是为创新型企业打造良好的融资环境，提供发展的快车道，可时至今日

却早已变成企业变现和资本套利的工具，丧失了创新型企业温床的核心功能。但对于这句话的后半句，把白酒行业拿来嘲讽，笔者却不敢苟同。为什么？因为中国的白酒行业恰恰是最具工匠精神也最值得尊重的一个行业。一杯纯粮酿造的高端白酒，从粮食到餐桌，在酒厂里要经历几十上百道工序酿造，其后再经历几年甚至十几年时间的贮藏，最终呈现在饮者面前的不仅仅是一杯简单的酒精饮料，更是浓缩了中国文化和历史传承的独特载体。今年3月31日，笔者获邀参加了泸州老窖在北京太庙举办的封藏大典仪式，整个仪式过程中，时时处处体现着酿酒人对于历史的郑重、对于文化的敬畏和对于传承的感恩，令人动容。

正是这样的企业文化，让茅台、泸州老窖这样的中国白酒名企，即便经历行业的起起伏伏，却能始终不忘初心，稳步前行。而这种如履薄冰、几十年甚至几百年如一日，精益求精，不断进取的精神，不正是中国眼下最缺乏的工匠精神么？那么对于这样的行业和企业，对于这样的产品和品牌，给予足够的尊重和认可，不正是对工匠精神最好的鼓励和支持么？

对于那些一味鼓吹科技至上，茅台无用的论调，笔者想说，中国并不缺少了解科技和创新重要性的人和企业，中国缺少的是工匠精神和对工匠精神的支持。如果中国的科技企业和科技工作者都能像茅台和泸州老窖的酿酒人一样，怀着敬畏和虔诚之心，专注于研发；如果中国的资本市场能够像对待茅台和五粮液那样，相信并耐心地支持科技企业和科技工作者，那么中国的科技水平就算不能赶美超日，也不至于像现在一样，胆战心惊于核心供件和核心技术被掐断。所以对于中国而言，白酒行业不仅不应是嘲讽的对象，反而应当是一面旗帜，在浮躁的时代，应该向专注的人们致敬。最后想引用一句来自上海同事们的出色文案为本篇作结，"高端芯片我们迟早能够造出来，但美国永远酿不出国窖 1573"。

（原文刊载于香港《经济日报》《神州华评》，2018 年 4 月 26 日。）

## 4.12 海外名酒的投资与收藏

在西方发达国家，投资并收藏名酒一直以来都是非常流行的一种储存财富的方式。英国巴克莱银行的报告表明，每四个富豪中就有一人热衷于名酒投资，投资的份额更是占到了其总资产的 2%，对于一个单独的投资类别来说是非常高的。

富豪们投资名酒，除正常消费用途外，更大的原因在于名酒的投资回报优异，与其他资产类别的关联性低，受股票等外界因素干扰波动较小，有助于分散投资风险，提升投资效益，降低投资风险。英国伦敦商学院（LSE）的研究显示，过去 100 多年来（1900 ~ 2012 年），名酒投资年均回报为 11%，与股票相若，但远高于债券、艺术品和邮票。美国名酒投资基金的数据显示，名酒的价格波动低于股票、黄金和原油。优异的回报加上稳定的价格，导致名酒投资的实际回报远超模型计算的风险回报，美国酒经济学会的研究显示，该超额回报每年高达 7.5% ~ 9.5%。

彭博的数据显示，2005 ~ 2017 年名酒投资回报为 241%，是标准普尔 500（178%）的 1.35 倍、全球股票（144%）的 1.7 倍、全球债券（49%）的 4.9 倍、原油（34%）的 7 倍、黄金（-5%）的数百倍。

高端红酒、威士忌等洋酒的投资价值已经被西方投资者所认可，由于

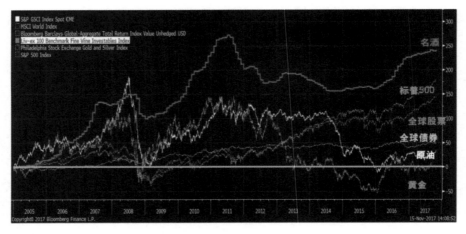

资料来源：彭博、香港中国白酒研究所、高盛全球投资研究、Barclays、London Business School、American Association of Wine Economists、The Wine Investment Fund，2017 年。

此等名酒的价值高、资源少，估值和投资流通主要靠拍卖市场，所以它们已成了拍卖场上的常客。2017 年 10 月 1 日，苏富比拍卖行在香港进行了两场拍卖会，共录得总成交额 7 200 万港元，远超拍卖前估价的 3 800 万～5 500 万港元，其中法国勃艮第罗曼尼康帝（DRC）的成交价为估价的 2.5 倍，拍卖价再创高峰。康帝是法国勃艮第一家专注出产顶级佳酿的酒庄。酒庄出产的葡萄酒稀少昂贵，被誉为"百万富翁能买的酒，却只有亿万富翁才喝得到"。根据伦敦国际葡萄酒交易所（London International Vintners Exchange）的数据显示，2016 年康帝的平均交易价为 18 141 英镑 / 箱（12 瓶），为世界之冠。

### （一）葡萄红酒

海外最受欢迎的投资收藏名酒类别，肯定是葡萄红酒，其投资收藏市场已经有 300 多年的历史。因为影响红酒品质的因素众多，如产地、工艺以及生产年份的气候环境等，大多数投资者比较依赖专家的鉴定和看法。1986年，普林斯顿大学经济学教授 Orley Ashenfelter 发表了一篇关于知名红酒投资的报告，量化分析了红酒投资拍卖的市场，而他后续的工作也使越来越多的人开始关注红酒的投资。

综观投资红酒市场，离不开四大途径，其中包括购入现货、购买"酒花"、投资红酒基金和购买酒庄等。

1. 在二级市场购买顶级红酒现货收藏

大多数投资级红酒都是通过二级市场拍卖来流通的。名酒的一级市场普通投资者参与难度较高，而从现有的品牌红酒拍卖会上购买，程序则较为方便。因为是实物交易，这种投资方式的风险相对较小，有利于兑现。购入现货是投资红酒的热门工具，当然，购买现货不是买来放在家中，因为储存红酒相当讲究，温度、湿度都会令红酒质量改变，储存不当会使红酒的质量迅速下滑。所以入门者投资红酒现货，一般存放在外国或本地的酒商，透过酒商做交易，也可免去运送及贮存麻烦。影响红酒质量的因素非常多，抛开人为的技术影响，还有酿造当年的气候环境影响和不同酒庄的葡萄藤年份影响（硬件要求），这就造就了酒价视其质量、产地与年份而定的现象，售价百余元至数万元一支不等。这么多复杂、不确定的因素导致了这种投资方式对专业知识要求很高，所以适合于对红酒行业有一定了解的小额投资者。

2. 购买"酒花"

在市场上，另一个投资红酒的方法就是"酒花"。在红酒完成发酵工艺以后，刚放入橡木桶陈酿时，酒商购买其所有权，这时的红酒称为"酒花"，即期酒。"酒花"出现在 20 世纪 70 年代末，北半球的酒庄一般会在每年 9 ~ 10 月采摘成熟的葡萄，酒花则会在收成后翌年 5 ~ 6 月发售。红酒由葡萄分类、榨汁、发酵、入桶等步骤，还要陈年 12 ~ 18 个月，整个酿制过程需时大约 2 年，因此便衍生出俗称"酒花"的红酒期货。例如法国的波尔多（Bordeaux）便有"酒花"制度，让投资者在酿酒前可以较低价钱购入，有兴趣的投资者可以透过酒商代为安排参与红酒期货交易。"酒花"多是一些世界知名酒庄将要生产的酒。"酒花"投资的特点是投资小、回报高，但风险也大，因为"酒花"变成现酒需两年时间，装瓶前气候等因素可能会影响价格，如果年份不好，投资者将遭受损失。所以，这种投资方式比较适合对酒行业具有一定深入了解的专业人士。

3. 购买红酒基金或红酒理财产品

红酒基金是专门以红酒为投资标的的基金。红酒基金在外国私人银行市场上非常流行。这种投资方式是委托专业人士进行投资，构建期酒和现酒投资组合，可降低获取顶级酒的门槛。

（1）红酒指数

英国伦敦国际葡萄酒交易所（London International Vintners Exchange，Liv-ex）是供国际专业红酒买卖的市场，成立于1999年，跟传统市场相比，Liv-ex让红酒交易更有效率且更透明化，服务包含在线交易平台、市场数据。经过十几年的营运，Liv-ex已有全球最大的红酒价格数据库，是国际最有公信力的红酒销售指标。

英国Liv-ex的红酒指数，是国际具公信力的红酒销售指标，以选择100支（The Liv-ex 100 Fine Wine Index）或500支（The Liv-ex 500 Fine Wine Index）具代表性的酒庄出产的红酒作为成分股，编制成红酒指数，和其他外国股市指数类似，各酒类在同时段的价格反映于指数上，作为投资者或酒类消费者买卖红酒的参考；由于使用者多为金字塔顶端有钱人，因此可以看出上流社会的消费意愿及动态。

以 Liv-ex 100 为例，在 100 种酒类当中，在地区加权的部分，波尔多所出产酒类占绝大多数，权重逾九成，排名第二的是勃艮第，再来才是香槟。

（2）Liv-ex 五大指数

a. 50 档高级红酒指数（The Liv-ex 50 Fine Wine Index）：纪录高级红酒市场交易最大宗的酒，只包含近十年的年份；

b. 100 档高级红酒指数（The Liv-ex 100 Fine Wine Index）：高级红酒市场最具指标的基准，代表了在二手市场最受注目的 100 种酒；

c. 500 档高级红酒指数（The Liv-ex 500 Fine Wine Index）：反应更广大的红酒市场价格，除了波尔多酒更包含了新世界的酒；

d. 波尔多干红指数（The Claret Chip Index）：纪录波尔多一等酒庄得分最高的红酒，包含 Robert Parker 评分 95 分以上的红酒；

e. 高级红酒投资指数（The Liv-ex Fine Wine Investables Index）：纪录市场上最值得投资的红酒。

Liv-ex 简言之就有点像红酒的股票市场，指数反应目前红酒市场的平均价格，可以作为买卖参考，甚至和股票市场一样，能作为经济景气度的指标。

4. 购买酒庄

直接购买国外的酒庄，这是红酒投资的顶级投资方式。国际高级的酒庄集种植、酿造、装罐、贮藏、管理、经营于一体，投资成本高，回报率也很高。投资者购买时需根据气候、纬度、湿度等因素，了解当地土质及往年产量等。受土壤本身及年份气候的影响，这种投资有其自身局限性，短期投资风险较大，但可以作为长期投资。同时，这种投资需要庞大的资金，适合富豪或机构投资者作长期投资。

红酒的品牌选择与投资回报。刚沾手红酒的投资者，由于对红酒相关知识了解不深，容易受到个人喜恶而选择红酒，可以集中投资一些传统名牌酒庄，包括：Ch. Lafite Rothschild、Ch. Latour、Ch. Margaux、Ch. Mouton Rothschild、Ch. Haut Brion 等五大一级酒庄，质量有所保证。

另一方面，初次踏入红酒市场的投资者，一般紧贴酒评家的评分，作为评酒一个标准。也是因为红酒投资过于复杂，初学者会极大地依赖于专家的意见和看法。一般而言，可以留意酒商公会所公布的酒花品评报告，例如选择权威酒评家 Robert Parker 的评分，RP 评分达 98 ~ 100 分的通常为市场中的抢手货，投资价值更高。

近年来，全球多个地区均先后出现多个新兴的红酒盛产地，例如澳洲、智利等，各具特色；但专家建议，初涉的投资者宜选择传统著名的红酒产地法国，推荐波尔多、勃艮第等产区的顶尖酒庄，待对红酒有进一步认识后，再按喜好及兴趣发掘具潜力的佳酿。

此外，红酒质量易受天气的影响，故产出年份也是重要因素，有专家建议，打算长期投资者（10 年以上），宜购入最佳年份，如 1982 年、1989 年、1990 年、1995 年、1996 年、2000 年、2005 年等。

根据 Liv-ex 的统计，过去 5 年（2012 ~ 2017）时间里，表现最好的精品红酒是 2011 年份的小木桐（Petit Mouton 2011），投资收益率达到 165%！而整个精品红酒市场里，表现最好的 10 款红酒平均收益率也高达 150%！

**投资市场表现最佳的 10 款红酒（2012 ~ 2017 年）**

| 酒款 | 2012 年价格（英镑 / 箱） | 2017 年价格（英镑 / 箱） | 投资收益率 |
|---|---|---|---|
| 小木桐（Petit Mouton 2011） | 690 | 1 831 | 165% |
| 库克年份香槟（Krug, Vintage Brut 1990） | 2 600 | 6 818 | 162% |
| DRC 大侬瑟索（DRC, Grands Echezeaux 2006） | 6 960 | 17 532 | 152% |
| 阿曼·卢梭哲维瑞 - 香贝丹（Armand Rousseau, Gevrey Chambertin Clos St Jacques 2006） | 1 920 | 4 836 | 152% |
| 安东尼世家太阳园（Solaia 2004） | 1 800 | 4 500 | 150% |

续表

| 酒款 | 2012 年价格<br>（英镑 / 箱） | 2017 年价格<br>（英镑 / 箱） | 投资收益率 |
|---|---|---|---|
| DRC 拉塔希（DRC Tache 2004） | 11 460 | 28 500 | 149% |
| 多明纳斯（Dominus 2004） | 660 | 1 640 | 148% |
| DRC 大侬瑟索<br>（DRC Grands Echezeaux 2007） | 5 880 | 14 400 | 145% |
| 凯隆世家（Calon Segur 2007） | 315 | 753 | 139% |
| DRC 拉塔希（DRC, Tache 2008） | 12 192 | 28 800 | 136% |

资料来源：Liv-Ex，2018 年。

从榜单中可以看出，拉菲（Lafite）、罗曼尼·康帝（Romanee Conti）等拍卖市场上的大明星并未上榜，而像 DRC 拉塔希这样在 5 年前已经是天价的名酒却仍然有如此之大的上涨空间，令人咋舌。

红酒作为一种另类投资，由于回报卓越，近年来越来越受欢迎，特别是受富豪的青睐。彭博的统计显示，Liv-Ex Fine Wine Investables Index 于 2005 ~ 2017 年期间的升幅达 244%，远超同期 MSCI 全球股票的 153%、全球债券的 51%、原油的 42% 和黄金的 –0.21%。

### （二）威士忌

威士忌是经由玉米、大麦等谷类所酿造而成的烈酒，在经由繁复的压磨、发酵和蒸馏等过程，最终放置于橡木桶中陈年制成。刚蒸馏完的威士忌无色透明，酒质粗糙，不适饮用，需要长时间陈放于橡木桶之中，之后才有成品威士忌这般

金黄的色泽，口感也会因为橡木桶的关系而产生一种特有的感觉。

威士忌这名称源自盖尔语里"生命之水"的意思，因为早期的人类在刚发现蒸馏术时，并不是非常了解这种新技术本身的原理，因此他们误以为酒精是种从谷物里面提炼出来的精华，像是谷物中的灵魂，也就是为什么烈酒在英文中和灵魂（spirit）是同一个单词。威士忌酿造的最后一步是要长期存放于橡木桶之中，所以产地对其品质及风格的影响很大。最有名的苏格兰威士忌也分成了4大产区，分别是斯贝赛德（Speyside）、高地（Highlands）、低地（Lowlands）和伊斯莱岛屿区（Islay），并且不同产地的威士忌口味差异很大：斯贝赛德的威士忌以优雅著称，甜味最重，香味浓厚而复杂，通常会有水果、花朵、绿叶、蜂蜜类的香味，有时还会有浓厚的泥煤味；高地的威士忌酒体厚实，不甜，略带泥煤与咸味；最北部高地的酒带有辛辣口感；东部高地和中部高地的威士忌果香特别浓厚；低地的威士忌格外芳香柔和，有的还带有青草和麦芽味；伊斯莱岛屿区的威士忌酒体最厚重，气味最浓，泥煤味道也最强，很容易辨识。

由于在长达数十年的陈年过程中，威士忌会因为每年约 2% 的挥发速度而使其所剩无几，因而也造就了陈年威士忌的稀有性，并创造出惊人的身价。

举例来说，一瓶山崎（Yamazaki）威士忌（50 年）在 2018 年的苏富比拍卖会上被收藏家以高达港币 233.7 万元的金额给带回家。此外，陈酒用的橡木桶也十分有讲究，顶级的威士忌必须要使用纯手工制造的橡木桶（雪莉桶、波本桶等），由于年轻一代的人并不愿意去学习这种辛苦的制桶工艺，这种手工技艺也在渐渐消亡。史上最昂贵的麦卡伦 M 威士忌，更是从 20 万个橡木桶中挑选出符合年份要求的雪莉桶、由 17 位工匠历时 50 小时所打造的水晶瓶身，使其在稀有性之外更进一步巩固了独特且尊荣的地位。

另一方面，随着全球威士忌相关协会和俱乐部的成立，威士忌信息的交流日益公开和透明化，也让在古代被认为是"生命之水"的威士忌在供需不均所造成的稀有性之外，额外带来了投资方面的需求，并在金融市场上逐渐崭露头角。简称为WWI的全球威士忌指数（World Whisky Index）在2011年底于荷兰正式推出，这象征着全球威士忌商品的金融化往前迈开了一大步；该所显示的单一纯麦威士忌的价格在指数推出后短短三年中飙涨了近660%！是的，这个数字远远优于目前全球许多股市、债券和大宗商品的绩效表现。

投资威士忌，其实就如同投资股票或者债券一般，也会经由一瓶瓶所购入的商品目标，而逐渐累积形成投资组合。然而，威士忌的投资并非仅由推算精准数字或者模型即可，其重点在于，所购买的酒必须具有稀有性，才能够为投资者带来增值的可能。购入知名的威士忌品牌或许能够有助于推升投资组合的价值。更重要的是投资者必须深入了解并衡量为威士忌创造价值的因素，如独特口感、香味或者是产量和年份，才是促使投资组合价值水涨船高的不二法门。

如今，私人投资者对威士忌投资的兴趣日益增长。英国追踪威士忌拍卖行情的公司Rare Whisky 101表示，自2010年以来，威士忌拍卖无论在数量还是价值上都达到了惊人的涨幅，虽然与红酒拍卖市场的成交活跃度相比还是落后一大段距离，但是也恰恰因为"少而精"这一点而引来诸多兴趣。那些已经关闭的酿酒厂（即"沉默酒厂"）的库存威士忌因其稀有性能确保威士忌作为资产而持续增值。随着沉默酒厂的库存持续不断地减少，在较低的价格点买入这类酒引发了买家们的兴趣。买家对于苏格兰已关闭酒厂的威士忌一直都有兴趣，但是常常只是因为其稀缺性以及某些情怀和新奇感，并不意味着这些酒就一定能拍出高价。市场最感兴趣的依旧是诸如格兰菲迪（Glenfiddich）、麦卡伦（The Macallan）和大摩（Dalmore）等市场主流的品牌。

# 第5章 中国白酒的前景与未来

本章收录了笔者在香港《经济日报》每周专栏《神州华评》上发表的有关中国白酒的一些文章，内容主要涉及中国高端白酒行业的发展现状、趋势、前景等，并辅以实例和数据做参考，再结合时下一些热点资讯，围绕中国白酒的前景与未来展开，都是一些个人的见解和观点，希望与广大读者一同分享。

## 5.1　高端白酒行业迎来春天

### （一）高端白酒企业股价逆势而上屡创新高

随着中国经济结构转型的不断深入，改革阵痛随之而来，而资本市场作为实体经济晴雨表，直接将经济增长的放缓反映到了市场走势之中。迈入 2017 年以来，中国 A 股市场整体表现欠佳，市场各方基本也都就 A 股进入慢熊市达成了共识。然而在一片悲观之中，以茅台、五粮液和泸州老窖等为代表的高端白酒企业股价却逆势屡创新高，其中泸州老窖 2017 年初至今（2017 年 6 月）上升超过 40%，升幅为三大酒企之冠，在 A 股市场中异军突起，而且在实际经营中这些白酒行业的领头羊也表现出量价齐升的强势姿态，为股价的节节攀升提供了有力的支持。

### （二）高端白酒行业从巅峰到寒冬再到复苏

对于高端白酒行业的快速复苏和股价的持续向好，市场中依然存在不少怀疑的声音。确实，自 2012 年底八项规定出台以后，反腐反贪力度的加大和公款消费管理的趋严，给白酒行业带来了翻天覆地的变化，中国的众多酒企也亲历了从峰顶直接跌落谷底的大喜大悲，成为这场史无前例的行业寒冬的见证者。行业环境的变化之快和局势之严峻从高端白酒的价格变化中就可以直观地感受到。在 2012 年一瓶能卖 2000 多元人民币的飞天茅台，到 2013 年却只能卖到七八百元，五粮液、泸州老窖等酒厂的高端产品也从每瓶接近 1500 元的价格跌到五六百元。但困局并未维持太长时间，行业很快迎来了变局。自 2014 年始，虽然反腐反贪的力度并未降低，国家对公款消费的监管也从未放松，但高端白酒市场环境却发生了 180 度的转变，重新焕发了青春。究竟是什么为高端白酒行业带来了转机呢？这应当归功于消费群体的转变、消费升级和酒企战略的迅速调整。

首先是消费群体的转变，高端白酒并不仅仅是公款消费的专利，被称为高端社交场合润滑剂的高端白酒，有其特有的刚性需求。尽管政务消费需求的萎缩对高端白酒的打击很大，但高端商务和个人需求依旧存在。统计数据显示，2012 年前高端白酒的需求构成中，政务消费占比 40%，商务消费占比 42%，个人消费占比 18%。而到 2014 年以后，随着国家政策的不断影响，高端白酒政务消费占比降至 5%，商务消费占比 51%，个人消费占比增至 45%。个人消费的快速增长一定程度上弥补了政务消费下滑的影响，消费群体的转变重新唤醒了高端白酒市场，行业回暖也就顺理成章了。

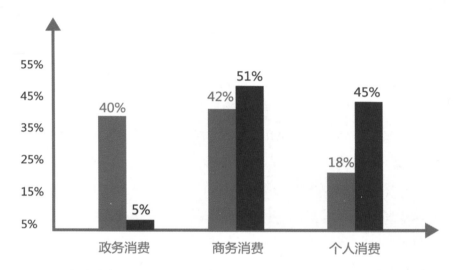

其次是消费群体的转变与消费升级产生了协同效应，进一步推动了高端白酒市场的回暖。宏观经济增速虽然在放缓，但人民生活水平和生活质量的提高是不争的事实，消费观念的进步和消费意识的改变，令人们在消费时开始有意识地选择健康和品质。价格不再是唯一影响消费决策的因素。体现在白酒市场中，这种消费升级体现为消费者愿意用更高的价格购买大品牌、高品质的高端白酒。有调查机构表示，高端白酒消费领域呈现出"越来越好"与"越来越少"这两种趋势，就是人们在选择饮酒时，花费未必比原来有明显提高，但选择的品牌会更加高端，相应地，饮酒的总量会比原来更少。这种喝好酒、少喝酒，但对品质和品牌提出更高要求的风气日盛，也推进了高端白酒回归消费本质。

再次则是配合行业变化趋势，高端白酒企业迅速做出的战略调整。目前中国整个白酒消费结构呈现"头宽、颈窄、身大"的姿态，就是高端酒和大众化的酒需求量较大，而次高端产品的需求相对较小。但在中国整体进入消费升级的大环境下，未来将会向"头更宽、颈更大、身收窄"转变。高端白酒需求将会持续增加，但是限于高端白酒的稀缺性和产能限制，未来价格增速将远大于销量增速，提价将伴随着需求的不断增长而成为一种常态化的事件。高端产品中一部分未能得到满足的需求将转移到次高端产品上，带来次高端白酒需求的增加。高端白酒企业正是看到了这一趋势，迅速做出了战略调整，在行业的变化中抢占了市场。第一步是自身品牌的塑造，无论是通过提高自身一线产品的价格来提升自身企业的品牌价值，还是通过市场推广和市场营销的手段来塑造自身的品牌形象，以茅台、五粮液、泸州老窖为代表的一线酒企已经开始了大手笔的动作，品牌越发深入人心。第二步则是通过品牌战略的推进，一方面进一步提高自身高端产品的价格，另一方面带动自身次高端产品及中低端产品的销量，通过品牌效应吸引更多的消费者，抢占以地域酒类为代表的中小型酒企的市场份额，加速自身发展的同时推进行业整合。

**（三）高端白酒是投资、消费、收藏的绝佳标的**

实际上，一线酒企的战略调整早就已经开始，眼下已经逐步见到成效。在2016年12月的茅台系列酒经销商大会上，茅台集团表示要将茅台系列酒的销量从2016年的1.4万吨提高到2020年的4万～5万吨；五粮液也于2015年成立系列酒公司，期望通过培育几个著名品牌以接替普五助力公司业绩保持增长；泸州老窖通过品牌梳理，资源配置集中在一个高端品牌和五个战略单品上，形成了明确的、较为合理的品牌产品组合。当有名声响亮的母公司为其背书时，一线酒厂的次高端产品和中低端产品在与中小型区域白酒品牌竞争的过程中也会占据明显的优势。随着一线酒企产品线的丰富和完备，对区域性白酒品牌的挤压效应会越发明显。部分区域酒企在与大酒企竞争的过程中，一方面销售受到冲击，另一方面市场费用居高不下，在这样一降一升的过程中，其生存空间就必然受到挤压。

所以，只要白酒消费群体的结构不变、中国消费升级的大趋势不改、一线酒企的品牌和资源优势不消失，在未来很长一段时间内，高端酒企都将是白酒行业发展和变革中的最大受益者，这些企业和他们的代表性产品也都将是投资、消费、收藏的绝佳标的。

（原文刊载于香港《经济日报》《神州华评》，2017 年 6 月 8 日。）

## 中国特色的消费者

中国消费者收入和白酒消费价位高度相关，高收入阶层往往会选择高档白酒，而低档产品主要为农村人群所消费。调研公司零点指数的调查发现，37.2% 的高收入人群倾向于选择售价超过 600 元 / 瓶的白酒，远高于中收入人群 15.4% 和低收入人群 10.4%。高盛估算，富裕阶层和中小企业主购买了超过 60% 的茅台酒。

| 价格<br>（人民币） | 销量<br>（千吨） | 市场<br>占比 | 收入<br>（亿人民币） | 市场<br>占比 | | 主流品牌 | 主要消费<br>群体 | 人均收入<br>（2015年人民币） |
|---|---|---|---|---|---|---|---|---|
| 500+ | 46 | 0.4% | 540 | 9.7% | 高端 | 茅台、五粮液<br>国窖1573、梦之蓝<br>中国酒珠 | 富人 | 335万 |
| 300~500 | 89 | 0.7% | 310 | 5.7% | 中高端 | 天之蓝、剑南春<br>红花郎、泸州老<br>窖、特曲(60版) | 公务员<br>上层白领<br>企业家 | 83 750 |
| 100~300 | 2038 | 15.9% | 20 380 | 48.4% | 中端 | 海之蓝、赖茅<br>五粮春、窖龄 | 公务员<br>中层白领<br>企业家 | 53 476 |
| 30~100 | 3167 | 24.8% | 31 670 | 27.3% | 中低端 | 五粮醇<br>头曲、洋河 | 蓝领<br>工薪阶层 | 41 641 |
| 小于30 | 7449 | 58.2% | 74 490 | 9.0% | 低端 | 尖庄、二曲 | 农村居民 | 16 294 |

资料来源：香港中国白酒研究所、高盛全球投资研究，2017 年。

## 5.2 高端白酒行业发展前景确定

### （一）高端白酒在实体经济和资本市场表现卓越

2017年以来，白酒行业无论是在实体经济中抑或是在资本市场中，都可谓是一枝独秀，一方面业绩喜人，增长可观，另一方面股价飙升，一路上涨。这使得白酒行业成了最引人注目的板块。

近些天来，与高端白酒价格相关的新闻也是不断传来，令市场对白酒行业的预期进一步升温。比如茅台限价政策面临挑战，线下零售价格突破1299元（人民币，下同）的厂商指导价，甚至连空酒瓶都能在网络上卖到400～500元；再如已在3月份提过一次价的泸州老窖国窖公司于7月末再度提价，有着销售业绩同比增长80%作为支撑，老窖的提价也提得底气十足。

### （二）高端白酒板块表现远超乳制品板块

白酒板块的表现是否突出，可以用同是消费板块，也同为饮品类的乳制品企业做个比较。数据统计显示，A股18家液态奶上市公司，在2017年年内仅有华资实业、伊利股份和新希望3股年内上涨，其他均呈股价下跌态势。而白酒板块则与其形成鲜明对比，22家白酒板块上市公司中有13家股票上涨，其中，泸州老窖、五粮液、水井坊、山西汾酒以及贵州茅台等涨幅超40%。那么究竟是什么令高端白酒行业在实体经济和资本市场中都保持了强劲的势头，这个势头又能否持续呢？

首先，用行业龙头来做个比较，白酒板块中贵州茅台以5924亿元人民币的市值当仁不让，而液态奶板块中伊利则以33%的市场占有率排名第一，通过比较两个龙头企业的表现，其实可以从很大程度上看出两个行业上市公司的特点，见下表。

| 年份 | 茅台 | | 伊利 | |
|------|------|------|------|------|
| | 净资产收益率（%） | 净利润（亿元） | 净资产收益率（%） | 净利润（亿元） |
| 2016 | 24 | 27 | 27 | 57 |
| 2015 | 26 | 24 | 24 | 46 |
| 2014 | 32 | 24 | 24 | 41 |
| 2013 | 39 | 23 | 23 | 32 |
| 2012 | 45 | 26 | 26 | 17 |
| 2011 | 40 | 35 | 35 | 18 |
| 2010 | 31 | 20 | 20 | 8 |
| 2009 | 34 | 21 | 21 | 6 |
| 2008 | 39 | -61 | -61 | -17 |
| 2007 | 39 | -0.49 | -0.49 | -0.21 |

资料来源：彭博，2017 年。

　　通过过去十年茅台和伊利两家公司的盈利表现，再结合行业变化就不难发现，贵州茅台即便是在 2012 年塑化剂危机和 2014 年严查公务消费的变局之下，依然能够保持强劲的增长和高额的利润，而伊利在 2008 年出现三聚氰胺事件的时候，出现了亏损和负增长的情况。从净资产收益率上来看，过去十年中茅台的表现也比伊利更加稳定。这实际上反映出白酒行业的盈利能力较高、抗压能力和防御力较强的特点，整个行业具有很高的安全边际。而从竞争环境来看，白酒行业也要优于液态奶行业，随着中国国际贸易环境的不断开放，不仅是液态奶行业，整个食品消费领域都将面临越来越激烈的国际竞争，这对国内企业来说，是个不小的压力，很多企业的业绩都将会随着国际贸易关系的变化和国际竞争对手的发展而表现出更加剧烈的波动。而反观白酒行业，由于饮食习惯的原因，整个板块形成了近似于刚性需求的市场，很难受到国际竞争带来的冲击，具有更高的行业壁垒，尤其是在中华文化输出海外的大背景下，海外市场的开拓将为白酒行业带来潜在的增量，这也是白酒行业的独特优势。

其次，从资金偏好来看，白酒行业的整体复苏和稳定增长也赢得了资金的认可和青睐，这也对白酒行业在资本市场的向好提供了坚实的基础。根据券商研究报告提供的资料，2017年二季度基金增持白酒板块的力度远超乳制品行业。从白酒整个板块来看，2017年二季度食品饮料板块基金持仓比例为4.12%，同比增加1.3%，环比增加0.9%。与此同时，二季报白酒板块的基金持仓比例为2.86%，同比增加1.2%，环比增加0.7%。而二季报乳制品板块的基金持仓比例为0.8%，同比上升0.2%，环比上升0.2%（见下图）。

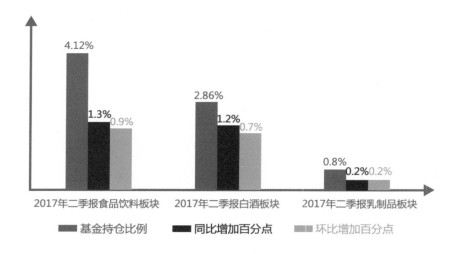

从个股持仓来看，在基金配置的前二十大重仓股中，食品饮料板块个股仍然是贵州茅台、五粮液、伊利股份、泸州老窖，持股市值占基金股票投资市值比分别为1.03%、0.93%、0.72%、0.51%，分别环比提升0.19%、0.32%、0.14%、0.20%，持股市值占比分别位列前二十大重仓股的第三、第五、第七、第九。而茅台、五粮液和泸州老窖三家企业基金持仓市值更是占整个白酒板块基金持仓市值的84.14%，受资金青睐程度可见一斑。境外资金对白酒行业的投资前景同样认可。截至7月18日，深股通沪股通资金持股居前的50只股份中，白酒股占了5席。

### （三）高端白酒具有消费品属性及保值增值属性

回看此轮白酒强势的原因，经济回暖带动商务需求提升，消费升级带动高端需求提升，应是白酒行业复苏的核心推动力，而白酒自身的品牌效应、产能限制和越久越贵等特点使得高端白酒不仅仅具有消费品属性，同时兼有商品的保值增值属性，高端白酒价格的不断上涨从某种程度上讲可以归结为一种类似黄金的"货币现象"，这种现象很可能成为一种常态，在未来很长的一段时间里持续下去。而从行业发展来看，在未来几年内，白酒行业尤其是高端白酒领域将呈现出寡头的竞争局面，如茅台、泸州老窖、五粮液等寡头将再次从消费升级和中小企业退出竞争的大环境中分享到一波市场变革带来的红利，进一步推动白酒行业和高端白酒产品不断向好，所以整个白酒行业的潜力依然无比巨大。

**（原文刊载于香港《经济日报》《神州华评》，2017 年 8 月 3 日。）**

## 5.3 高端白酒行业好景依然

### （一）高端白酒投资价值进一步显现

就在春节即将来临之际，A 股市场迎来了一轮大跌，其主要触因应是 1 月 31 日爆出的大量"奇葩地雷"。根据 A 股的交易规则，当上市公司出现净利润亏损、净利润上涨或下跌 50% 或净利润扭亏为盈这三种情况之一时，必须在自然年结束后的一个月内发布年报预告，所以 1 月 31 日就成了那些亏损的上市公司集中"花式爆雷"的一天。扇贝游走造成亏损、亏损比公司市值还多、亏损金额无法统计、董事长失踪、大股东意外身亡等等闻所未闻、见所未见的亏损原因不断考验着投资者们的想象力和承受力。1 月 31 日收市后，市场上流传着一个冷笑话，复盘后因亏损 116 亿而连续跌停的乐视网，在当天的跌幅榜上只排在了第 132 位，因为有将近 140 只股票跌停。

中小创个股风险事件的不断爆发更为白马股的持续强势增添了注脚，其中中高端白酒板块尤其引人注目，展现出风景这边独好的态势。2 月 3 日，白酒行业龙头企业之一的泸州老窖召开了媒体见面会，董事会秘书王洪波先生透露，泸州老窖 2017 年销售规模重回百亿阵营，作为第四个发布盈利预喜的名优白酒企业，泸州老窖强劲的业绩表现再次为行业注入了一剂强心针，也令高端白酒板块的投资价值越发凸显。

自 2017 年以来，伴随着收入结构调整和消费升级，高端白酒无论是在资本市场、消费市场还是投资收藏市场，都可谓是一骑绝尘。而高端白酒的快速复苏也带动了整个白酒行业向好，但实际上，整个白酒行业的核心增长，可以说基本都来自于高端白酒的大众消费化。从白酒行业资料来看，2017 年前三季度里，中高端白酒的销售增速达到了 38%，同时，位于前五名的名酒企业实现销售收入占全行业的 20.3%，利润占全行业的 60% 以上，远高于白酒行业的平均增长率，市场份额向名优品牌集中的趋势十分明显。

随之而来的就是白酒行业的分化趋势愈发明显，一方面是以茅台、泸州老窖、五粮液、洋河为代表的高端白酒板块以喜人的业绩迎接狗年的到来，另一方面却是二三线酒企和区域性酒企业绩惨淡、步履维艰。同为白酒板块上市公司的青青稞酒和金种子酒等就处在这样的尴尬境地。金种子酒净利润预计比上年减少 800 万 ~ 1300 万元，同比减少 47% ~ 76%；青青稞酒预计亏损 8500 万 ~ 1.1 亿元。很多区域性酒企也都面临着库存压力大、产品销售不畅等问题。有行业调查显示，2017 年里，山东和安徽等地分别有十几家中小酒企退出市场，其他众多中小酒企更是在夹缝中求生存，白酒行业两极分化日益加剧。市场整合和行业自然淘汰的加速进一步显现出高端白酒板块的投资价值。

### （二）高端白酒投资价值和增值潜力巨大

如果具体到高端白酒的成长潜力，其投资价值主要来自于两个方面。第一是消费群体的增量，增量主要来自于行业整合的过程中三四线品牌退出市场所释放出的空间，以及中国整体消费升级带来的高端白酒消费群体规模的增长。第二是产品自身的提价，提价的基础来自于高端白酒的稀缺性，中国几大知名高端白酒无论是品牌底蕴、自然环境还是酿造条件，都具有独特性和唯一性，资源有限、产量有限为产品提价奠定了基础。根据测算，高端白酒当前的市场规模约在 700 亿元左右，而预计未来两年内，中国高端白酒将有较大可能突破 1000 亿元，这意味着 40% 以上的潜在市场规模增幅。

当然，虽然高端白酒行业的发展前景确定性较高，但也存在着一定的隐性风险，比如政策风险。就在刚刚过去的 1 月 31 日下午，发改委反垄断局就请白酒企业召开了白酒行业价格法规政策提醒告诫会。座谈主旨为引导和推动白酒生产流通企业守法经营，维护市场价格秩序。会议上，茅台、五粮液被点名就产品价格问题作重点发言。虽然有市场人士表示临近春节，此类会议是监管部门的常规动作，主要作用是在通胀考虑下担心不良示范效应，希望市场健康有序，避免哄抬物价，对价格问题做出提醒，无须过度解读，但这次座谈会依然对高端白酒板块的涨价预期带来了一定的影响。

虽然风险存在，但总体而言，高端白酒仍将会是消费升级和行业分化大背景下的最大受益者，在 2018 年依然存在巨大的增长潜力和发展空间，而相比已经体现了一部分行业增长潜力的高端白酒股票板块，还处在发展初级阶段的高端白酒实物投资实际上具有更好的成长性和成长潜力，正在等待着市场的关注和开发。

（原文刊载于香港《经济日报》《神州华评》，2018 年 2 月 8 日。）

## 5.4 高端白酒的被动式投资趋势渐成

### （一）资管行业变革中商品成宠儿

自 2008 年金融危机后，全球金融市场从危机中快速复苏，而作为金融市场风向标的资产管理行业，也展现出了强劲的增长势头，至 2014 年底，全球资产管理规模达到了 74 万亿美元，连续三年超过金融危机前的最高水平。但从 2015 年开始，全球资产管理行业多个指标出现了金融危机后的首次下降。在行业增长放缓的同时，一场变革也在悄无声息地展开。在这场变革中，有两个极为鲜明的特征在资产管理行业中慢慢展现：第一，是以指数基金和交易所交易基金（ETF）为主的被动型投资开始取代过往居于绝对主导地位的主动型投资，在资产管理行业中占据越来越大的份额；第二，是在资产配置层面，以黄金和原油等大宗商品为代表的现货、期货等投资品类开始在资产配置中占据更高的比例。

### 1. 主动型投资向被动型投资转变

被动投资（Passive Investment）是一种有限地介入买卖行为的投资策略，以追求长期收益和有限管理为出发点来购买投资品。简单而言，就是基于对某一投资标的物增值空间的长期看好，忽略其短期的价格波动风险，而选择买入并持有的长期资产配置方式，通过减少操作次数来完全获取其长期的增值收益。这种投资方式在宏观经济环境向好且金融市场长期稳定的市场中能够获得非常可观的收益。以 ETF 为代表的指数化投资就是被动投资的典型例证。指数化投资在股票市场中应用最多，所谓指数化投资，在股票市场中就是以复制指数构成的股票组合作为资产配置方式，以追求组合收益率与指数收益率之间的跟踪误差最小化为业绩评价标准的一种投资方式。其特点和优势在于投资风险分散化、投资成本低廉和投资组合透明化，在经济向好、股市上涨的牛市周期中拥有绝佳的表现。

### 2. 资产配置向商品倾斜

近几年来，随着全球经济的回暖，大宗商品价格持续反弹，尤其是中国，大宗商品更是走势惊人。大宗商品价格反弹除了实体经济层面通过去库存和降产能以缓解供需失衡这个利好因素外，还有宏观经济层面这个特殊因素，因为全球货币超发、资金泛滥，导致金融资产供不应求，资金进入大宗商品市场避险。在这样的宏观市场环境下，尤其是在中国内地房价经历了以倍计的飙升之后，能够留给资金去选择的投资标的和投资渠道已经不多，越来越多的资金开始将视线瞄准价格低残的大宗商品市场，将资产配置进行了调整和再部署，正是这些因素助推了大宗商品价格的快速反弹。

### （二）被动投资模式的优势明显

投资模式的更替和投资偏好的转变也为市场带来了新的契机，如何将被动投资模式与商品投资有机结合，更好地满足市场的需求，成了很多从业者新的挑战。但是在讨论这一问题之前，应当先确定两个问题，第一，被动投资是否真的更具优势；第二，大宗商品是否仍有增值空间。只有确定了这两个问题，进一步探讨被动投资与商品投资的结合才有意义和基础，否则即便得出了结果也很可能是镜中花水中月。

先来看第一个问题，被动投资这种投资方式是否真的更具优势呢？其实从投资者的角度来看，选择主动型和被动型投资方式的核心标准有三个，体验（Experience）、成本（Cost）和收益（Return）。

**体验**
(Experience)

**成本**
(Cost)

**收益**
(Return)

客户体验是指参与投资的便捷度。被动型资产管理的主流表现形式是 ETF 基金，投资者既可以向基金管理公司申购或赎回基金份额，也可以像交易股票一样在二级市场上按市场价格买卖 ETF 份额，从参与方式和退出方式来看，被动型资产管理方式远比主动型要便捷和人性化许多。此外，因为同时存在证券市场交易和申购赎回机制，投资者可以在 ETF 市场价格与基金单位净值之间存在差价时进行套利交易，使得 ETF 避免了封闭式基金普遍存在的折价问题，这为 ETF 提供了更好的流动性和透明度。

投资成本是指在投资过程中所要支付的费用。相比主动管理型基金，ETF 基金的交易成本更低。以香港发行的 ETF 为例，统计数据显示，目前香港 ETF 的管理费平均约为 0.53%，最高也不超过 1%，相比之下，主动管理型基金的平均管理费高达 1.5%，ETF 的管理费用远低于其他主动管理基金。除了管理费率低，买卖 ETF 的费用也远远低于其他类型的主动管理基金。目前，香港大多数的基金都会收取一定的申购费，其中费用最高的甚至需要收取投资规模的 4%～5%，此外，有些基金投资者在赎回时也需要额外支付一定的赎回费。相比之下，ETF 交易成本与买卖股票类似，以香港为例，主要为经纪佣金、0.005% 的联交所交易费、0.003% 的证监会交易征费以及 0.1% 的印花税，投资成本也显著优于主动管理型基金。

投资收益则是资金的回报状况，这也是投资者做选择的时候最最核心和最最重要的一点。一般而言，在不加任何限制条件的前提下讨论主动管理基金和被动管理基金的表现和收益是毫无意义的。但如果将这两种资产管理方式放在大环境下比较未来的趋势，那么还是能够看出优劣的。从金融市场最发达、最成熟的美国金融市场来看，有统计数据显示，2016 年上半年只有 18% 的蓝筹股基金跑赢了罗素 1000 指数，也就是说，有超过 8 成的主动管理基金表现还不如基准指数，而基金业的平均业绩只上涨了 0.8%，同期基准指数则上涨了 3.8%。同样的事情在亚洲和欧洲也在发生。在这样的大环境下，选择对于投资者来说就变得相当简单和容易，与其去赌自己投资的那一支主动管理型基金能够成为击败指数的 18% 中的一个，还不如直接将资金投放到被动管理基金中投资指数，去跑赢那 82% 的主动管理型基金。

除了客户体验、投资成本和投资收益之外，被动管理型投资方式还有一个巨大的优势，那就是极为适合散户和没有投资经验的非专业人士参与。对于那些不太了解本市场的人来说，即便看对了某一行业未来的发展趋势和宏观经济走势，也经常出现看对方向却选错投资标的的情况，在中国更是因为投资渠道单一，导致很多投资者为了印证自己的市场观点而被迫进入股市寻找相关的投资标的，但个股的不确定性更是放大了他们投资的风险和难度，使得投资的过程举步维艰。但被动管理型投资方式却能够采取购买实物、搭建组合、追踪相关指数甚至直接参与产业上下游等众多方式，通过多元化的表现形式和多渠道的投资方式很好地解决这一问题。在被动管理的世界里，看好黄金走势并不需要去和中国大妈抢金饰，也不需要在 A 股上市的众多黄金企业股票中左右为难，而是直接通过购买黄金 ETF 即可完成对黄金趋势的投资；认为大宗商品处于历史低点而想要长线投资的投资者们也并不需要在期货市场中举棋不定，更不用考虑和大宗商品贸易商们去打交道，只要选择自己认可的大宗商品品种，购买对应的 ETF 产品即可。

可以看到，被动投资的模式优势明显，而实际上，统计数据也展示出了与上述分析相同的趋势，2016 年已经有 76 亿美元的资金净流入了全球股票型 ETF，相比之下，主动管理的股票基金却录得了高达 349 亿美元的资金净流出。2015 年市场的波动使得股票型 ETF 共吸引了近 2000 亿美元的资金净流入，而主动管理的股票基金却出现 1240 亿美元的资金净流出。尤其是随着近日全球最大投资机构贝莱德发布了其 2017 年第三季度财报，被动投资更是成了焦点之中的焦点。贝莱德作为资产规模突破 5 万亿美元的金融巨头，财报显示其第三季度资本流入规模为 550 亿美元，其中大约 93% 流向 iShares ETF 部门，而其被动型投资总规模也随之达到了 1.2 万亿美元，同比增幅为 23.8%。

### （三）大宗商品前景向好

再来看第二个问题，大宗商品作为投资标的物是否仍有增值的空间和潜力。从宏观层面来看，下面几个因素共同为大宗商品市场带来利好，令大宗商品市场的表现更加值得期待。

其一是人民币贬值预期和房价滞涨带来的投资替代效应。自 2016 年 11 月中特朗普当选美国总统以来，美元大涨、美债持续下跌，其背后的逻辑其实很简单，那就是市场相信特朗普上任后，将带动美国大兴土木，大幅减税，从而巩固美国经济复苏的基础。而美元的持续强势必然会触发人民币贬值预期的升温，市场更一致认为 2017 年人民币贬值仍将持续，甚至连国家商务部也来凑热闹，预期人民币兑美元汇率在 2017 年内将下跌 3%-5%。人民币持续贬值的市场预期正在逐渐被实现。元旦过后，人民银行对换汇提出了一系列的要求和限制，以减缓资金外流的速度。从历史经验看来，这些措施虽然能够一定程度上抑制资金外流，但同时却会进一步强化市场对人民币贬值的预期。在这样的市场环境下，大量的人民币资金迫切需要寻找能够抗贬值的实物资产。与此同时，长期受到资金青睐的实物资产房地产却面临疯涨之后的连番调控，不少市场观点认为，未来几年中房地产将陷入低迷，其升值空间将受到大幅的挤压和限制。大宗商品是国际定价的商品，美元的持续强势就意味着即便其他条件不变，大宗商品也会相对于人民币升值，再加上大宗商品价格一直处于低谷中，下行风险有限，而市场规模和资金承载力又都十分巨大，这些使得大宗商品成了抗通胀实物资产中为数不多的选择，有条件也有可能成为房地产的替代品。

第二个利好因素是美国经济复苏的确定性逐渐加强。美国作为全球第一大经济体，其经济复苏将带来巨大的消费需求，进而带动全球经济转暖，并提升包括大宗商品在内的工业原材料需求，令大宗商品供需加速回归平衡。自 2008 年来，金融危机的冲击令全球经济下滑，大部分大宗商品直接进入产能过剩的状态中。近些年来，全球政府都将去库存和去过剩产能放在了十分重要的位置上，尤其是中国内地政府，更是提出了供给侧改革的长期规划，将去产能和去库存放在了国家战略的角度去推进。随着政府的强力整顿和行业的自然淘汰，产能过剩的情况在过去几年中已大为改观。2017 年，时局较之前又有些不同，一方面是全球经济特别是美国经济确定复苏，生产信心回复，另一方面是大宗商品去产能初见成效，一增一减之间，大宗商品很可能迅速由供过于求转入供不应求的新阶段。去产能的过程是漫长而痛苦的，而重新恢复产能同样需要时间，在市场调整的过程中，大宗商品的价格上涨将是一个大概率事件。

第三个利好因素是中国内地固收类产品收益的回落。一直以来，银行理财产品和各种形式、各种渠道的固收类产品都以低风险、高回报吸引着大量的客户。动辄双位数的年化回报，最不济也能拿出高单位数的收益，这类产品吸引着万亿规模的资金，形成了中国内地最大的资金池之一。然而，随着人民银行持续的减息和收紧理财、信托类产品的可投资范围，目前正规的固收类产品收益已回落至 3% ~ 4% 的水平，这对于享受惯了高收益的中国内地投资者来说，吸引力大幅下降。市场环境的变化带来的最直接的结果就是迫使大量理财产品的原有客户寻求更高回报的投资标的，大宗商品也很有可能成为受惠的资产类别之一。

第四个利好因素是市场超级通胀预期带来的抗通胀需求。2016年黑天鹅事件不断，而2017年也将是黑天鹅满天飞的一年，超级通胀恰恰是可能降临的黑天鹅之一。常识告诉我们，当货币超发达到一定程度后，市场通胀将一发不可收拾。然而，自2008年金融危机以来，只见全球各国央行狂印钞票以救经济，却迟迟不见超级通胀的踪影。习主席在2017年元旦贺词中提到"天上不会掉馅饼"，世间之事有因必有果，历史上从未出现过狂印钞票却无通胀之忧的好事。过去几年中全球产能过剩严重，市场需求疲软，导致即便全球范围内货币超发，却没有引发通胀，反而受困于通缩。但要来的始终会来，这一切应该都会在不久的将来结束，我相信超级通胀的到来只是时间问题。而超级通胀预期逐渐加强会进一步推动资金对抗通胀资产的需求，而作为实物资产中重要组成部分的大宗商品也会得到更多资金的青睐。

**各国超级通胀发生时期及通胀率**

| 国家和地区 | 发生时期 | 通胀率% | 国家和地区 | 发生时期 | 通胀率% |
|---|---|---|---|---|---|
| 阿根廷 | 1989.5-1990.3 | 197 | 匈牙利Ⅱ | 1945.8-1946.7 | 1.3E+16 |
| 亚美尼亚 | 1923.10-1994.12 | 438 | 阿萨克斯坦 | 1994 | 57 |
| 奥地利 | 1921.10-1922.8 | 124 | 吉尔吉斯斯坦 | 1992 | 157 |
| 阿塞拜疆 | 1992.12-1994.12 | 118 | 尼加拉瓜 | 1986.7-1991.3 | 127 |
| 白俄罗斯 | 1994 | 53 | 秘鲁 | 1988-1990 | 114 |
| 玻利维亚 | 1984.4-1985.9 | 120 | 波兰Ⅰ | 1923.1-1924.4 | 188 |
| 巴西 | 1989.12-1990.3 | 84 | 波兰Ⅱ | 1989-1990 | 77 |
| 保加利亚 | 1997 | 243 | 塞尔维亚 | 1993.2-1994.1 | 309 000 000 |
| 中国 | 1947-1949 | 4209 | 苏联 | 1921.12-1924.1 | 279 |
| 刚果 | 1991-10-1994.9 | 225 | 中国台湾 | 1945-1949 | 399 |
| 法国 | 1789-1796 | 143 | 塔吉克斯坦 | 1995.8-1995.12 | 78 |
| 格鲁吉亚 | 1993.9-1994.9 | 197 | 土库曼斯坦 | 1995.11-1996.1 | 63 |
| 德国 | 1922.8-1923.11 | 29 526 | 乌克兰 | 1991.4-1994.11 | 249 |
| 希腊 | 1943.11-1944.11 | 11 288 | 南斯拉夫 | 1990 | 59 |
| 匈牙利Ⅰ | 1923.3-1924.2 | 82 | 津巴布韦 | 2000-2009 | 100 580 |

资料来源：摩根大通，2017年。

货币超发必然引发通胀，超发到一定程度，就会演变成超级通胀，而超级通胀必定导致资产价格暴涨。超级通胀屡见不鲜，1947～1949 年曾发生在中国，最近又发生在津巴布韦（Zimbabwe）。

中国第一套人民币发行于 1948 年 12 月 1 日，最大面值为 5 万元，是现在最大面值 100 元的 500 倍。2008 年 12 月，津巴布韦恶性通胀失控，津国央行发行全球面值最大的 100 万亿（100 000 000 000 000）钞票，但实质上仅值 25 美元！

要知道在 80 年代的时候，津巴币：美元 =1：2，即 100 万亿津巴币可兑换 50 万亿美元，相当于中国 2018 年 4 月底公布的外汇储备的 15 倍还多！同年 6 月，津国央行宣布津巴币死亡，改用美元（UnitedStatesDollar）和南非兰特（SouthAfricanRand）等作为流通货币。

面值 5 万元的人民币

面值 100 万亿的津巴币

有趣的是，当津国宣布货币死亡后，原来废纸一张的面值 100 万亿的津巴币却升值百倍，2018 年 5 月的市场价格竟达到 249 美元！

### （四）年份白酒投资是商品与被动投资的有机结合

有了上面的分析为基础，商品投资与被动投资的结合就显得更有价值和意义，那么在实际的投资过程中从哪里切入呢？最核心的要求就是要保持两者各自的优势，再抓住两者的共性，由此寻找创新的结合方式。从商品受资本青睐的原因和趋势来看，可以归结为投资替代、需求上升和抗通胀，也就是说作为投资标的物，只要具有这几个特点，就能够满足商品投资者的需求。而从被动投资模式受欢迎的原因来看，可以归结为操作简单、方式便捷、成本低廉、收益可观，只要投资方式符合上述特点，就能满足被动投资者的需求。

其实在市场中，已经有不少商品与被动投资相结合的产品陆续面世，比如早已被投资者们所熟知的黄金 ETF 产品和近些年兴起的以原油期货为投资标的的实物基金，早已拥有了大量的簇拥。而相比黄金、原油这些受环球宏观经济环境影响较大的大宗商品，有一类商品更加适合中国的投资者，那就是高端白酒。

首先，高端白酒满足投资类商品的特征，具有抗通胀、投资替代和需求上升的特点。高端白酒本身就是与生活紧密相关的消费品，同时具有一定的消费刚性，因而在市场中具有绝对定价权。另外，在通胀周期中可以随行就市不断提价，是抗通胀的绝佳选择。同时，高端白酒本身具有随贮藏时间延长而不断升值的独特优势，其投资收藏价值逐渐受到市场的关注，具备成为投资替代品的特性。此外，随着中国经济的飞速发展，整个社会的收入状况表现出整体收入水平提高和中产阶层壮大的特点，这种资产分配的变化趋势也令高端白酒的需求不断上升，所以高端白酒具备作为投资类商品的基础。

其次，高端白酒能够满足被动投资模式的需求。被动投资模式的核心是要求投资标的具备减少主动操作、赚取长期收益的能力。高端白酒恰恰符合这一特点，因为白酒随贮藏时间的延长而更加醇香的特点人尽皆知，所以其价值与时间具有正相关性，这为长期持有、被动投资提供了一定的收益基础。此外，随着电子商务和互联网技术的普及，高端白酒的流通也变得越来越便捷，高端年份白酒的投资收藏需求一直存在，但过往由于缺乏便捷合规的交易渠道，除了少量国宝级白酒通过拍卖完成交易外，更多的交易是通过专业圈子或熟人圈子完成交易。高端年份白酒的准入壁垒很高，如今以茅台、泸州老窖为代表的龙头酒企纷纷搭建电商平台，投资者只需在电子商城或交易平台上进行简单的交易操作，就可以完成高端年份白酒的买卖，便捷的交易和可观的潜在收益令高端白酒的被动投资变为了事实。

另外，高端白酒还有一个十分有趣的特点，也为其作为商品被动投资的标的物增色不少，那就是高端白酒是一种凡勃仑商品（Veblen Goods）。因为其高准入壁垒和准刚性需求，所以高端白酒供应方具有市场的绝对定价权，从而可以将白酒精准地销售给对价格不敏感的消费群体，所以作为类奢侈品的高端白酒甚至可以表现出提价后销量更好的特性。

高端白酒兼具商品投资和被动投资模式的优点，更具长线增值潜力，正在逐渐成为投资收藏市场中的新宠儿。同时，高端白酒作为一种奢侈品和消费品，也可以满足中高产人群提高生活品质的需求。可以说，以实物或实物提货权的方式进行白酒投资的模式，既顺应了市场趋势，也迎合了市场需求，开启了商品被动投资模式中的新篇章。

（原文刊载于香港《经济日报》《神州华评》，2017 年 10 月 19 日。）

## 5.5 交易平台开启年份酒投资新世代

### （一）高端白酒成投资收藏市场的新宠

2017 年国庆期间，国际货币基金组织宣布人民币正式成为国际通用货币，这不仅标志着人民币国际化又向前迈进了一步，同时也预示着中国开始在国际舞台上占据越来越重要的位置。伴随着大国崛起，国人日富，中国的投资收藏需求在近些年呈现出了爆发式的增长。从古董器具到名人字画，拍卖市场中的一个个天价数字不断刷新着人们对投资收藏市场的认知。

而在近些年中国投资收藏市场的发展中，不仅市场的规模越来越大，所涉及的目标物种类也越来越多，比如名酒就是其中很受欢迎的一种。名酒的投资收藏并非新生事物，在西方发达国家，对于名酒的投资收藏早已是十分普遍的现象，根据英国巴克莱的调查，西方高净值人群平均会将其2%的总资产配置在名酒实物上，名酒也因为其随年份增长而增值的特性被视为一种稳定增值的优质资产。中国的许多名人，比如姚明、赵薇等，也早已开始在红酒领域进行投资，在前些年引领了一波投资红酒的热潮。西方发达国家的名酒投资主要集中在威士忌、红酒和日本白酒，同样作为名酒品类之一的中国白酒，过往却并未得到太多的关注，还应算是投资收藏市场的新宠。

2017 年可以说是中国白酒大放异彩的一年，无论是酒类企业反经济周期的优异业绩，还是三大名酒（茅台、五粮液、国窖 1573）不断提价还一瓶难求的现象，或是整个白酒板块成为中国 A 股表现最佳的板块，无不吸引着人们的眼球，这也给中国白酒在投资收藏市场的崛起奠定了基础。**在刚刚结束的 2017 年香港各大秋季拍卖会，中国白酒成了拍卖会上的主角。**拍卖会一直是投资收藏市场的风向标，拍品的选择一方面满足着市场的需求，另一方面也引领着市场的方向。在今年香港的秋拍市场中，国内两大拍卖行保利和匡时均开设茅台专场，许多中国内地投资收藏爱好者亲赴现场参与竞拍，而最终的拍卖结果也没有令人失望，让市场充分认识到了中国白酒的投资收藏价值。

### （二）拍卖场上的茅台

在 2017 年 10 月 1 日保利的"国酒茅台及环球佳酿专场"拍卖中，一瓶84 年生产的茅台以 135 700 港币（约 124 200 人民币）成交；一批（12 瓶）1997 生产的茅台酒，以 236 000 港币（约 17 700 人民币 / 瓶）成交；一批（50 瓶）2013 生产的国宴专用的茅台酒，以 454 300 港币（约 8 177 人民币 / 瓶）成交，要知道，茅台集团对 2017 年现货茅台酒的建议零售价仅为 1 299元每瓶，上述成交价分别为现货零售价的 96 倍、13.6 倍和 6.3 倍，其升值潜力令人咋舌。

### （三）拍卖场上高额的交易成本

众所周知，通过拍卖成交的商品拍卖行要收取拍卖佣金，但这个费用具体会收取多少可能很多读者并不了解。实际上，拍卖佣金如果用交易手续费的标准去衡量的话，高得吓人。以2017年的保利拍卖行为例，成功竞得商品的买家要额外向拍卖行支付落槌价的18%作为交易手续费，接近拍品价格的五分之一。那么为什么在手续费如此之高的情况下买家还愿意竞价购买呢？如果用一个字来概括，那就是"真"。拍卖行自身的品牌以及一系列的鉴定和证明手段令市场能够认定其所拍卖的商品必定是真品。说得过分一点，哪怕是假货、赝品，经过拍卖行的拍卖，市场也会愿意接受其为真品，拍卖行收取高额交易手续费的价值和意义就在于此，买家心甘情愿支付近20%的拍卖佣金，就是买了一个放心。

而"保真"这一点对于白酒来说，更是具有不可取代的作用。此前香港曾经发生过这样一个案件，前廉政公署专员汤显明被调查期间，在其办公室内寻获多瓶茅台酒。可是如何处置这批"价格超目标名酒"却让香港政府犯了难，虽然理论上这些酒都应是真酒，但因为并无确切证据，所以无法按真酒进行处置。政府相关部门表示：若要对酒进行鉴定处理就必须开封检验，可白酒一旦开封就会大大影响其价值，无法再进行正常处置。两相为难之下，最终这批很可能是真茅台的白酒被统一销毁，令不少白酒爱好者扼腕痛惜。这个例子恰恰说明了白酒作为投资收藏目标最大的难题所在，就是辨别真伪。在茅台拍卖会上，拍卖行是在用自身的品牌、专业的团队和技术为拍品的保真背书，所以收取高额的交易手续费也是可以理解的。

### （四）交易平台的出现满足高端白酒消费、收藏和投资需求

但实际上，白酒的投资收藏价值不仅受到高净值人士的青睐，同时也吸引了越来越多的大众投资者关注，而对于这些想要参与到白酒投资收藏市场中的大众投资者，拍卖行过高的交易门槛和高昂的拍卖佣金已经将他们拒之门外。在这样的市场背景下，那些由著名酒厂自己搭建的电商平台或交易平台无疑成了更加亲民的选择，比如茅台酒厂旗下的茅台商城可满足大众的消

费和收藏需求；泸州老窖旗下的中国白酒产品交易中心除满足大众的消费和收藏需求外，由于交易平台容许客户二次转让，且交易费用非常低廉，仅为千分之三，因而满足了大众的投资需求。

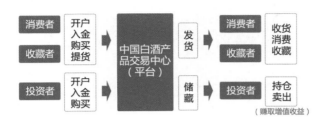

这些平台一方面是由其背后的知名酒企直接提供商品，确保品牌、年份、款式的真实可信，另一方面通过更加便捷和可靠的买卖方式完成商品的交易，为白酒的投资收藏带来更高的流通性。对于大众投资者来说，这样的平台也许才是参与白酒投资收藏市场更佳的渠道和平台。

归根结底，高端白酒产量受工艺及原料所限，在中国消费升级的大背景下，其供需关系的矛盾将长期存在，且大众又接受"喝好酒、喝年份"的观念，投资收藏的价值就在这里得到体现。

（原文刊载于香港《经济日报》《神州华评》，2017 年 10 月 12 日。）

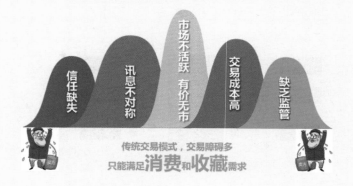

## 年份白酒的传统交易模式

信任缺失　讯息不对称　市场不活跃 有价无市　交易成本高　缺乏监管

传统交易模式，交易障碍多
只能满足**消费**和**收藏**需求

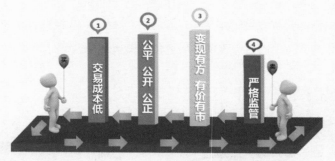

## 年份白酒的平台交易模式

① 交易成本低　② 公平 公开 公正　③ 变现有方 有价有市　④ 严格监管

平台交易模式，交易畅通，可同时满足**消费**、**收藏**和**投资**需求

## 拍卖场上的茅台

　　中国崛起，国人日富，投资收藏需求急增。每逢国庆长假，中国内地游客涌港，全球各大拍卖行云集香港，举办形形色色的拍卖会（秋拍），以满足中国内地人的投资收藏需求。高端名酒越来越受市场认可，其中茅台更一跃成为2017年秋拍的主角。国内两大拍卖行保利和匡时均开设茅台专场。现场所见，参与竞拍的基本上都是中国内地人。陈年茅台的拍卖气氛激烈，在2017年10月1日保利的"国酒茅台及环球佳酿专场"拍卖中，一瓶1983～1984年生产的茅台，以135 700港币（约

124 200 元人民币 / 瓶）成交，约等于茅台新酒零售价 1 299 元的 94 倍；一箱（12 瓶）1997 年生产的茅台酒，以 236 000 港币（约 17 700 元人民币 / 瓶）成交，约为新酒零售价的 13.6 倍；一批（50 瓶）2013 年生产的国宴专用的茅台酒，以 454 300 港币（约 8 177 元人民币 / 瓶）成交，约为新酒零售价的 6.3 倍。

## 交易平台上的国窖 1573

2017 年 10 月 16 日，四川中国白酒产品交易中心"名酒收藏交易平台"正式上线，并以 2009 年生产的 18000 瓶国窖 1573·瓶贮年份酒作为首支上线交易产品。国窖 1573·瓶贮年份酒是根据生产批次成瓶包装、贮存时间达 5 年以上的成品酒。随着名酒收藏交易平台的正式上线，长期困扰年份酒投资收藏相关的保真、储存和流通等问题将得以彻底解决，大大降低大众参与的门槛及交易成本。

## 5.6 茅台是价格的领导者

### （一）茅台的成功与再度崛起

火爆了一整年的白酒板块在 2017 年可谓是有始有终的典范，12 月 28 日，茅台酒厂发布公告，宣布茅台酒出厂价上调 18%，带动整个白酒板块集体大涨，为 A 股白酒行业的 2017 年完美收官。

在茅台的公告中，同时还对 2017 年的公司经营情况做了总结，公司年度生产茅台酒基酒约 4.27 万吨，同比增长 9%；预计茅台酒销量同比增长 34% 左右；预计实现营业总收入 600 亿元以上，同比增长 50% 左右；预计利润总额同比增长 58% 左右。公司力争 2018 年度实现营业总收入增长 10% 以上。强劲的业绩增长和来年盈利的高确定性令市场对茅台的信心大增，为茅台股价的进一步走高奠定了基础。

茅台作为高端白酒行业的常青树和当之无愧的酒业龙头企业，其特点和优势早已被市场多次总结归纳，市场普遍采纳的观点认为茅台的成功来自三点，第一是产品的不可替代性，茅台酒对生产环境有着独特的需求，加上复杂的酱香型工艺，令其产品无法被复制；第二是独一无二的品牌效应和持续可靠的经营业绩，稳定的业绩增长叠加极具价值的品牌效应为茅台带来了巨大的市场需求，长期的供不应求则支撑了茅台的量价齐升；第三是茅台成熟而高效的营销策略，茅台的量价调控和饥饿营销被业内奉为教科书，虽然一直被众多酒厂所竞相模仿，但却从未被超越，这也是茅台成功的基础之一。以上这三点共同为茅台酒厂带来了今日的辉煌。

除了自身的独特优势之外，茅台的再度崛起与行业大环境的改善也脱不开关系。自中央政府八项规定出台后，反贪反腐力度的加强令政务消费大幅降低，一度令高端白酒行业受到沉重的打击，但随着中国经济结构调整的不断深化，内需消费的不断增长令以茅台、国窖 1573、五粮液为代表的高端白酒开始真正开始体现出其高端消费品的独特价值。一直以来，中国的经济增长都是由政府投资和出口贸易拉动，但随着政府投资对经济增长边际效益的降低和人口红利减退令出口成本大幅提高，要想继续保持稳定的经济增长，中国的经济结构必须也不得不进行调整，内需消费则成了经济结构转型的重中之重。而内需消费增长的核心支撑来自居民收入水平的不断提高和中产阶层规模的快速增长，收入增长和消费升级共同为高端白酒带来了巨大的需求增长。从这一点来看，高端白酒作为内需消费增长的直接受惠者，将在未来中国经济结构转型的大周期中享受长期的政策红利。在这样的宏观环境下，茅台作为行业龙头必然会享受一定的规模优势和品牌溢价，但这并不意味着茅台能够长期高枕无忧。在相同的行业发展环境下，具有发展潜力的绝非茅台一家。

### （二）茅台的成功也许并非不可复制

再进一步来看，经济结构转型为高端白酒带来的长期政策红利其实对整个行业都是一个巨大的发展助力，有了大环境的支持，也许茅台的成功并非不能复制。笔者一直坚定看好茅台盈利的高确定性和泸州老窖的成长潜力，提出过稳健买茅台、进取买老窖的观点。而这一观点的提出，正是基于看好泸州老窖具有类似茅台的潜力与潜质。以茅台成功的三个要素来比对泸州老窖，从产品的独特性和稀缺性来看，作为浓香型代表的泸州老窖国窖1573系列高端白酒是由国家级国宝窖池群酿造，1600多口沿用100多年的窖池是绝对的不可再生资源，这既确保了产品的不可复制，又限制了成品的产量。从品牌的潜在价值来看，泸州老窖作为数百年历史传承未曾中断的酿酒世家，其产品在浓香型白酒中享有"浓香鼻祖"的美誉，也具有独特的品牌价值和历史底蕴。而营销手段和市场策略并非企业的技术壁垒，而是人才资源的体现，泸州老窖启用了大量的有能力、有闯劲的80后、90后作为企业中层管理人员，企业管理的年轻化为未来的发展保有了充足的动力和朝气。归根结底，市场和营销最终是以人为本，茅台在营销策略上的成功并不代表其能够一直成为茅台的核心优势，也并不意味着未来无法被其他酒厂复制和逾越，这正如苹果失去乔布斯后虽然依靠发展惯性保持了持续的增长，但并未延续传奇，颇有几分日落西山的感觉。

回到整个高端白酒行业上来，此次茅台上调出厂价格，实际上是在给所有的高端白酒品牌和次高端白酒品牌打开进一步上调价格的空间。高端白酒行业流行这样一个说法：茅台是价格的领导者，五粮液是价格的调节者，国窖 1573 是价格的追随者。茅台价格涨了（天花板价格打开了），五粮液和国窖 1573 的价格提升相信在短期内可以实现，尤其是国窖 1573，去年 12 月 26 日已宣布全面停货，为短期提价做好了准备。

行业借助消费升级和收入增长为行业环境带来了持续改善，未来整个高端白酒行业都将进入一个新的良性发展周期，量价齐升的良好势头有望在一个相对较长的时间段内得以延续，而在大环境的支持下，在产品和品牌等方面具有独特优势的企业将会获得更大的发展空间，更加值得期待。

（原文刊载于香港《经济日报》《神州华评》，2018 年 1 月 4 日。）

## 5.7　贸战惠内需，老窖成赢家

### （一）中美贸易战一触即发

3 月 23 日凌晨，美国总统特朗普签署总统备忘录，宣布将对从中国进口的商品大规模加征关税。他对媒体说，涉及征税的中国商品规模可达 600 亿美元。而套用特朗普的原话，这只是个开始（This is the first of many）。与此同时，中国在应对上也毫不示弱，商务部随即强硬表示拟对自美进口的鲜水果、葡萄酒、猪肉及制品等产品加征关税。按 2017 年的统计，涉及美对华约 30 亿美元出口。同时，中国驻美大使指出，中方不想同任何一方打贸易战，仍在努力避免贸易战。但中国不会屈从于任何威胁、强迫和恐吓，"我们在考虑所有选项"。

一石激起千层浪，双方剑拔弩张，中美贸易战有一触即发之势。资本市场更是对贸易战阴云表现出充分的担忧，中美两地股市相继应声大跌，哀声一片。那么中美两国本来合则两利、分则俱伤的经贸关系却又何至于此？做个事后诸葛亮，回看过去一段时间，其实中美经贸关系的不稳定已有先兆。近半年来，美国先后对进口洗衣机和光伏产品发起了"201 调查"（已于 1 月 22 日宣布增加保护性关税）、对中国知识产权和技术转让政策发起了"301 调查"、对进口钢铁和铝产品发起了"232 调查"。在过去的一年里，美国共发起了 84 项反倾销和反补贴调查，比此前一年增长了 62%。如果进一步分析此次事件中美两国希望达到的核心目的，应当可以归纳为两点。第一，是通过对中国高新技术产品出口征收关税和限制中国对美投资，来实现压制中国技术进步的目的。第二，是通过减少中国对美货物出口，以及要挟中国自美进口，来降低中国对美的贸易顺差。

而美国对中国贸易关系态度的系统性转变原因何在？简单分析可以归纳为三点，首先是源于美国自身经济增速的放缓。虽然美国已自金融海啸中复苏，但由于经济缺乏充足的内生增长动力，在中国持续强劲的快速发展中，感受到了一定的压力，而调整中美经贸关系也是美国尝试缓解自身增长压力的一种手段。其次，美国作为自由经济体的代表，对中国在政府层面的过度干预一直持否定态度，特别是近年来中国政府倡议的"做强做优做大国有企业"引起美国的不满。美国认为这种做法赋予了中国经济不公平竞争力，进而导致中美贸易的不平衡。从这一角度出发，美国也更有可能采取较为强硬的对华贸易政策，试图逼迫中国政府降低对经济发展的干预程度。其三，从特朗普本人来看，他也是自美国二战以来历任总统中少有的对全球化较为抵触的一位，其个人的价值取向和其执政团队核心成员的立场，也使得其采取的措施和手段，更易偏向贸易保护和制造摩擦。

**（二）中美贸易战谁会更受伤**

针对这场潜在的贸易战，大多数人最先想到的问题就是，如果双方贸易摩擦加剧，谁会更受伤？如果从直接的数据来看，美国对华出口在其 GDP 中的占比不足 1%，仅占美国总出口的 8%。而中国对美出口在 GDP 中的比重约为 4%，接近总出口的 20%，看上去中国无疑会是受影响更大的一方。然而，实际上，结果更可能会演变为两败俱伤。从贸易战的本质来看，实际是双方对自身的利益有所要求，希望通过制约和反制约在双方贸易关系中掌握更多的主动权，而在这个过程中，贸易战的核心制胜因素更多在于谁承受损失的能力更强。虽然中国直接承受的经济损失可能会更大，但如果贸易摩擦加剧，美国承受的社会压力会相对更大。在美国列出的报复列表中，电子机械、通信设备的相关领域实际都是全球供应链产品，中国只是整个链条中的一环，如果加征关税，不仅仅是中国，日本、德国甚至美国本身等所有在供应链上的国家都会受到直接或间接的影响。而在这个链条中，美国所产生的增值率要远高于中国，一旦落实，最起码会是杀敌一千自损八百的结果。与此同时，特朗普所反对的"中国政府干预"确实会在贸易战中给中国带来更大的优势，令中国企业在贸易战中保留实力。最直接的办法就是可以通过财政补贴等手段直接弥补一部分中国企业的损失，从而实现提高中国企业竞争力的目的。

### （三）中美贸易战进一步推动中国经济发展

再来看贸易战可能演绎出的结果。从双方制裁的领域来看，美国更多是针对中国出口的高精尖设备加征关税，而中国更多是针对美国出口的农副产品终止减税。在看到双方在制裁产品类别上的极端差异后，网络上有不少言论纷纷指出中国更像一个发达国家，在技术出口上占据了优势，而美国更像发展中国家，只在农产品等低端领域占据出口优势。但事实却恰恰相反，只要稍作简单思考就会明白，作为全球第一与第二大经济体，虽然是在制裁与反制裁中，但也一定会尽量将自身的损失降到最低，避免影响自身的核心利益，所以中美双方开出的制裁清单中所罗列的一定是对自己作用相对最少的。那些高技术行业和产品之所以未被中国列入对美贸易战清单，原因有两类：一类是美国本来就限制对中国出口的高技术产品；一类是好不容易美国松了口，中国才能获得进口的高技术产品。得来不易，甚至尚未获得，中国又怎会自毁长城呢？有了这样的判断，也就会对此次贸易战未来的走势有个基本的预期。

贸易冲突在短期内肯定会对两国制裁相关的行业和领域带来一定的负面

影响。而从中长期来看，当双方各自在此次的贸易战中有所得后，更可能在双方各有退让后归寂。中国市场或将迎来进一步的开放，同时知识产权保护体系也将进一步得到完善和提升；而美国或会降低中国对美直接投资的壁垒，也会适度放宽对华高新技术出口的限制，结果或许会是皆大欢喜的局面。从更长期来看，双方都会更加重视不受贸易制约的领域，同时进一步加快发展受到贸易制约的领域。对于中国而言，能够直接带动内需、实现消费升级、完全不受贸易关系影响的领域，以及能够真正体现中国制造、掌握自主研发、实现进口替代的领域，都将是未来最具发展潜力和政策倾斜的领域。

从中美双方的核心利益来讲，重启贸易战端当是两败俱伤之举，双方对话的空间依然存在，后续发展如何也存在较大变量，但无论这场贸易战是否能够正式打响，此次美国的突然之举，已经触及了中国政府的敏感神经，给中国敲响了警钟。相信未来中国政府必将进一步加强自身经济的抗风险能力，并不断多元化贸易关系，以应对潜在的外部风险，避免受制于人的情况再次出现。

### （四）内需消费板块成投资首选 高端白酒板块脱颖而出

正如上文分析指出的，在这样的时点之下，未来中国对于自主研发和内需消费必将倾注更多的资源和关注，尤其是内需消费，更是确定性极高的具有中长期投资价值的板块。实际上，内需消费和消费升级主题一直是笔者最坚定看好的投资领域之一，中国拥有 14 亿人口的庞大消费市场，而收入结构调整和中产阶级扩容又是中国经济发展过程中不可逆转的必然趋势，再加上内需消费在很大程度上具有独立性和隔绝性，基本免受贸易摩擦和贸易制约的影响，实在看不出内需消费领域有什么不确定性和下行风险。在刚刚结束的十九大和两会会议中，无论是统计资料的证实，还是中央政策的反复强调，都已经明确显示出内需消费正在并将继续替代进出口贸易，成为主导中国经济增长的核心动能，以内需消费为核心，以消费升级为方向，毫无疑问将是中国未来发展的主旋律之一。

中美贸易战开启后不久的 3 月 25 日，笔者应邀出席了在香港举行的

"亚洲金融峰会"并发表了主题演讲，会后被问及最多的问题就是在未来的一段时间里，作为投资者应当如何布局，如何寻找稳健且有潜力的投资目标。笔者以为，随着中国经济的持续增长、实力的不断增强，在国际贸易中的影响力也会进一步提高，在获得更多利益的同时，也会受到更多的制约，此次美国制造贸易冲突只是一个开始，未来中国可能面临的贸易摩擦大概率会逐渐增多。在这样的预期之下，以稳健兼具成长为选择标准，内需消费板块当为投资首选，而在内需消费中，本身处于行业复苏期，受外贸关系影响较小，又具备极高盈利可见度的高端白酒板块，无疑是最具投资价值的领域之一。再加上近期国家领导人的这句话再次流行起来："人民对美好生活的向往，就是我们的奋斗目标。"而在白酒行业里，则"提出"这样的一个执行方案——"少喝酒、喝好酒、喝年份，从此过上美好生活"，虽然话里略带玩笑的性质，但却带着浓浓的"消费升级顺国策"的味道。这也是为何笔者坚持并多次强调"稳健买茅台，进取拣老窖"的原因。

如果我们嫌股票受多方因素影响，价格波动大，我们也可以考虑投资具备流通性的实物高端年份白酒，其价格波动较小兼具随时间增长而自然增值的特性，是投资的更好选择。随着中国内地中产的崛起，投资多元化的需求与日俱增，酱香型白酒龙头贵州茅台年份酒已成各大甩卖场的常客，成交价量齐升；浓香型白酒龙头国窖1573年份酒自去年10月于中国白酒交易中心上线以来，市场反应热烈，价格屡创新高。盛世出牛股，乱世出机会，如何选择，全看我们的风险接受能力。

（原文刊载于香港《经济日报》《神州华评》，2018年3月29日。）

## 5.8　年份酒或成酒企新战场

### （一）泸州老窖股份公司回购国窖1573·瓶贮年份酒

随着一季报的出炉，白酒行业凭借稳定的业绩增长，再次成了热点板块，股价迎来了一波可观的上涨。5 月 15 日，A 股更是公布了 234 只确认"入摩"（加入 MSCI）的股票名单，以茅台、泸州老窖、五粮液为代表的高端白酒企业赫然在列。相信随着 A 股加入 MSCI 的临近，即便短期资金层面对股价带来的实质利好十分有限，但必然会对名单中的股票在市场气氛和认可度上带来积极的影响，而白酒龙头也将大概率持续走高。

就在白酒行业再受瞩目之际，笔者长期看好的进取之选泸州老窖于日前高调发布了回收老产品的公告。公告显示，泸州老窖将对历史上售卖的产品进行全社会征集回购，首批从 2001 年至 2006 年生产的国窖 1573 开始，每一年产品各回购五十箱，价格则将采用在四川中国白酒产品交易中心线上交易的国窖 1573·瓶贮年份酒（2007）的盘面交易价格作为参考，依据年份不同而在 2007 年产品交易价格的基础上进行不同程度的价格上浮。此次回购活动虽然是冠以筹建泸州老窖酒博新馆之名，但笔者认为泸州老窖此举醉翁之意不在酒。

### （二）高端年份白酒市场价值日益凸显，成各大酒企必争之地

从长期影响来看，泸州老窖此次回购活动或将在白酒行业中掀起年份酒市场的一个全新战场。白酒一直都是中国消费领域一个具有一定刚性需求的特色板块，而白酒产品也一直都被作为食品饮料类的消费品来看待。但实际上，当白酒贮藏了一定时间，成为年份酒之后，除了消费属性外，更衍生出了独特的投资收藏价值。众所周知，纯粮酿造的高端白酒会随贮藏时间的增长而更加醇香，品质的增长赋予了白酒与贮藏时间成正比的增值空间。同时，随着时间的延长和饮用的消耗，年份酒喝一瓶少一瓶也令其年份越久越稀少，自然会越老越贵。实际上，在国际资产管理市场中，名酒本就是资产配置的佳选之一，数据统计显示，全球高净值人群的资产配置中有 2% ~ 3% 是投资于名酒领域的。而中国的高端白酒同样具有这样的潜质，随着茅台陆续亮相国际拍卖场中，中国年份白酒的价值正在逐渐被人们所认知。

除了高端年份白酒作为收藏品受到市场的追捧之外，年份酒作为能够带

动高端消费、实现新酒和年份酒联动的全新增长点，更是酒企尤其是品牌酒企的必争之地。白酒行业目前正面临的最大难题就是消费群体的青黄不接。随着东西方文化的逐渐交融，年轻人往往偏好洋酒而对中国白酒兴趣欠奉，白酒消费群体老龄化的问题日渐凸显。虽然各大酒企都在开发一些年轻化的产品来吸引年轻的消费群体，但这必然需要较长的市场培育期。而在这个时候，由投资收藏作为切入点来引入全新的消费群体就成了开源的绝佳选择。相比于喝酒，投资是一个更加大众和更加稳定的需求，一个家庭不一定会有一个好酒之人，但一定会有一个管理家庭财政收入的人。当白酒的投资收藏属性得到市场的认可，由此带来的消费群体必将拥有更强的黏性，会成为产品真正的铁杆粉丝。道理很简单，当一投资者选择了投资茅台或国窖1573之后，作为资产的持有者，必然会下意识地认可和推广相应的产品和品牌，进而直接影响其自身和身边圈子的消费习惯。这样的消费群体正是酒类企业最有价值的资产。

### （三）在年份酒市场争夺中，泸州老窖将更具优势

有了对年份酒市场价值的认识后，再来看年份酒市场这片蓝海。在市场争夺的过程中有两个因素最为核心，第一是标准，第二是体系。掌握了标准就掌握了市场的规则，能够引导市场向最利于自身的方向发展。而掌握了体系就掌握了市场的话语权，通过把控终端真正立于市场的制高点。现在再回看泸州老窖此次的回购动作，就不难看出其抢先布局年份酒市场剑意所向。

泸州老窖此举的目的大致可归纳为两层，第一层是在强化瓶贮年份酒的标准。一直以来，中国的年份酒市场都鱼龙混杂，年份酒甚至因为鉴定的困难和标准的混乱而有"良心酒"之称，意思是说年份酒的真假优劣只能凭酒厂的良心来说话。而泸州老窖此次的回购动作却明确指出，回购的是2001年至2006年"生产"的国窖1573，直接将年份明确为生产日期，这也暗合了泸州老窖一直推行的"瓶贮年份酒"概念，把成品酒封装完后再贮存，存放多少年，就是多少年。相比于混合老酒勾兑等行业惯用的手法，以封装时间为界定标准明显是个笨办法，但正是这个笨办法可以真正为年份酒正本

清源，让市场有规可循、有法可依。泸州老窖此举正是在以自己的品牌和产品树立年份酒产品的标准，为市场建立信任的基础，引导市场健康发展。

第二层意思是开始布局年份酒的定价流通体系。此次的回购动作中，泸州老窖指出，回购价格将参考国窖1573·瓶贮年份酒（2007）在四川中国白酒产品交易中心真实的交易价格，交易平台的建立正是在为年份酒市场形成一个独立的定价流通体系。年份酒由于已经衍生出了一定的投资收藏价值，单纯以实体销售或网络电商的形式来进行一买一卖，由于无法有效定价，很难给出令交易双方满意的结果，这也是为什么高端名酒大多通过拍卖的方式来实现交易。但拍卖其实也并没有真正解决市场的需求，因为拍卖的高门槛和高成本根本无法满足年份酒市场中大量的流通需求。因此，交易平台的出现就恰逢其时。买卖双方根据自身的意愿和价格预期在平台上进行自由的买卖，只要有成交就意味着真实价格的形成。与此同时，产品可以在平台上进行低成本的即时流通，这也为市场带来了真正的活力和持续发展的基础。

整体而言，年份酒市场的价值正在逐渐显现，也已经得到了市场越来越多的认同，茅台已经占据了一定的先机，也为市场打好了基础。未来的年份酒市场必将成为高端白酒企业的必争之地，而此次抢先布局的泸州老窖相信能够在未来的年份酒战场中占据更加有利的位置，获得更加快速的发展。"稳健买茅台，进取买老窖"仍然值得期待。

（原文刊载于香港《经济日报》《神州华评》，2018 年 5 月 17 日。）

## 年份白酒的估值框架

### 数据收集

| 宏观经济 | 行业数据 |
|---|---|
| · 人均生产总值 | · 行业产销 |
| · 人均可支配支出 | · 消费特点 |
| · 社会消费品零售总额 | · 电商发展 |
| · 人口与就业 | · 市场格局 |
| · CPI、PMI、CNY | · 商品定价 |

### 分析预测

| 产品空间 | 行业未来 |
|---|---|
| · 品牌影响力 | · 政策环境 |
| · 年份酒认可度 | · 行业结构 |
| · 年份酒溢价 | · 消费者结构 |
| · 存量与质量 | · 区域结构 |
| · 新酒价格趋势 | · 渠道结构 |

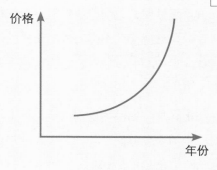

## 年份白酒的定价模型

　　国际上研究名酒定价的模型许多，但一般以葡萄酒和威士忌居多，且都比较复杂，数据难以获取。中国白酒的特性与西方葡萄酒、威士忌等不一样，投资收藏的群体也不尽相同。这个根据个人的观察和实践所得的定价模型有一定的参考价值，关键是简单易明，部分数据更可轻易地从四川中国白酒产品交易中心获取。

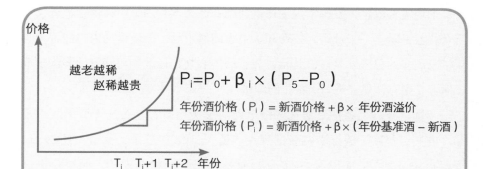

新酒价格（$P_0$）= 酿制 5 年，新装瓶
年份基准酒（$P_5$）= 酿制 10 年，装瓶 5 年
年份敏感系数（$\beta_i$）= 系数数值越大，敏感度越高，$\beta_i = 0$，$\beta_5 = 1$，$\beta_6$ 或以上 > 1

例子：

根据中国白酒产品交易中心和泸州老窖酒类销售股份有限公司提供的截至 2017 年 12 月 31 日的数据计算，8 年期的国窖 1573 · 瓶贮年份酒溢价为 211，$\beta$ 值为 4.94。

$$\frac{P_{2009} - P_{2017}}{P_{2012} - P_{2017}} = \frac{2012 - 969}{1180 - 969} = 4.94$$

假如，2018 年国窖 1573 的新酒提价至 1099 人民币／瓶（即提升 13.4%），年份酒溢价按比例提升，那么 8 年期（即 2010 年装瓶）的年份酒的理论价值应为 2,280 人民币／瓶：

$$P_{2010} - P_{2018} + 4.94 \times (P_{2013} - P_{2018})$$
$$= 1099 + 4.94 \times (1338 - 1099)$$
$$= 2280$$

## 5.9 菜市场里的两种观念

### （一）中国的消费升级是社会发展必然经历的新阶段

近几日凑巧看了一集名为《演说家》的电视节目，其中选手储殷从菜市场中两种不同的消费群体说起，以鼓励年轻人感悟时代脉动，发掘社会变更所带来的需求收尾，赢得了现场评委和观众经久不息的掌声，也令笔者这个听众获益良多。一个演讲，技巧和感染力固然重要，但演讲的内容能否为听众带来更多的思考才是评价其精彩与否的核心判定标准。而储殷的演讲于笔者而言，绝对算得上是一次精彩的演讲。

一直以来，笔者都是消费升级概念的忠实唱多者，而从 A 股的表现来看，也一定程度上验证着笔者的观点。进入 2018 年以来，截至 5 月 29 日，按照板块来划分，A 股有 50 多个行业是处于下跌状态中的，而医疗保健（+17%）、旅游（+13%）、医药（+13%）、软件服务（+6%）、酿酒（+6%）、食品饮料（+4%）这些多少与消费升级挂钩的行业就显得有些鹤立鸡群。对于消费升级概念的优异表现，笔者一直理解为国家政策鼓励消费升级，而 A 股市场又是一个顺策而行的市场，所以对这些板块带来持续利好。这个观点绝对谈不上错，但储殷的演讲给了笔者一个更深层次的理解，那就是大多数时候，趋势要领先于政策，比顺策而行更进一步的是顺势而行。

从根本上来说，中国的消费升级并不是政策引导的结果，而是社会发展必然经历的新阶段。在储殷的演讲中，菜市场中表现迥异的两个群体分别是代表着从物质短缺匮乏的时代中成长起来的"大妈"们和在物质丰裕过剩的时代中长大的"小姑娘"们。大妈们习惯了追求商品的物理性能和价格贵贱，因此保持着锱铢必较的心态，而小姑娘们更多的是寻求消费体验和精神满足，大多并不执着于商品的价格。这两个群体恰恰展现出了中国由短缺向过剩转变的过程中消费观念和消费习惯的变化趋势。简而言之，过去的消费是为了满足需要，今天的消费是为了证明自己的存在，而今天的消费观才是主导未来消费观的核心动力。

### （二）消费升级的本质——物质需求向精神需求的转变

当我们的基本生活需求得到满足，甚至过剩时，温饱就不再是幸福感的考核维度中唯一的标准，甚至可能不再是考核维度中的标准之一，而对精神满足的需求则取而代之，成了评判幸福与否的新标准。其实这种变化相信不仅是经历过苦日子的 50、60、70 后，即便是 80、90 后都多少有所体会。最典型的应当就是听得越来越多的"年味越来越淡了"这句话。春节是中国人最重视的节日，也是最喜庆的节日，在物质匮乏的时代里，春节不仅仅意味着合家团聚，也意味着穿新衣、吃大餐，意味着物质生活会有明显的改善。但时至今日，当人们物质生活的改善不再局限于春节这个节点的时候，春节留给大家的也就只剩下团圆饭和悠长的假期，年味自然也就变淡了。

过去，对于一件商品，我们听得最多的是价格，因为价格直接涉及消费者是否能够承担；后来，在价格的基础上，增加了对质量的考虑，性价比成了一个被更多人所接受的评价标准；再后来，品牌成了消费者的新需求，这个时候品牌往往更多地代表质量，价格因素在消费选择中所起到的作用已经很小了；今天，消费者更多提及的是消费体验，对于一件商品，消费者的需求已经不再局限于商品本身，而是增加了更多精神层面的需求，上升到了一个新的高度。这也是消费升级的本质所在。

### （三）高端白酒是消费升级的直接受惠者

对消费升级有了更深一层的认识之后，笔者重新回看了 A 股市场的诸多选择，更加坚定了看好高端白酒行业的决心。高端白酒一方面业绩稳定，受

马斯洛需求层次理论： 亚伯拉罕·(Abraham Maslow,1908年4月1日-1970年6月8日)，美国人本主义心理学家，以需求层次理论（Need-hierarchy theory)为世人熟悉。

根据马斯洛需求层次理论，人数需求像阶梯一样从低到高按层次分为五种，分别是：生理需求、安全需求、社交需求、尊重需求和自我实现需求。
在一个万物具备、什么都不缺的年代，比起金钱和物质，更重要的是精神层面的充实感。人都希望自己有稳定的社会地位，要求个人的能力和成就得到社会的承认，而高档酒类正是满足了人的第四层次的追求。

**自我实现的需求** 对理想实现等的需要也称成长需要

**尊重的需求** 想被他人承认

**社交需求** 社会需要，与他人交流相关的需要变得更重要

**安全需求** 避免对生命构成威胁的需要

**生理需求** 本能层次的需要，包括食欲、睡眠、欲望等

外部环境影响几乎为零；一方面质地明确，高端品牌屈指可数；另一方面完全符合社会发展趋势，是消费升级的直接受惠者。

从长期趋势来看，中国改革开放的 40 年是由物质匮乏向物质过剩转变的 40 年，而未来深化改革的 40 年将会是伴随消费升级，由物质需求转向精神需求的 40 年。中国的高端白酒包含了中国的传统文化、奢侈品高端消费和社交往来需求等多重因素，能够很好地满足社会在精神层面日益增长的新需求。而在这其中，有文化传承、有历史沉淀、能够讲得出故事的品牌，无疑更加能够提升消费者的体验，这也笔者一直偏爱泸州老窖的原因。

**（原文刊载于香港《经济日报》《神州华评》，2018 年 5 月 31 日。）**

# 总结

被注入流通性的年份酒的未来在于国内消费升级、国外文化崛起、实物需求日盛、投资组合标配。

### 我看年份酒的未来

*尹满华*

窖越老，酒越好，才值得拥有；

少喝酒，喝好酒，升级年份酒。

中产兴，富人增，奢品占鳌头；

商务宴，节庆席，面子年份酒。

国力昌，文化张，中国风潮扬；

拼酒豪，劝酒盛，文化年份酒。

货币发，物价涨，实物成新宠；

抗通胀，求增长，标配年份酒。

附　录

## 境外名酒数字

| 名酒投资　富人所爱 | 名酒投资　回报优异 |
|---|---|
| 25%　2% | 11% |
| 全球25%高净值人士投资名酒，投资金额占其个人总财富2%。 | 过去100多年来（1900～2012年），名酒投资年均回报为11%，与股票相约，远高于债券、艺术品和邮票。 |
| 资料来源：英国巴克莱。 | 资料来源：英国伦敦商学院。 |
| **名酒价格　屡创新高** | 名酒投资　分散风险 |
| **2 337 000** | 0% |
| 2018年1月27日于香港举行的苏富比拍卖会中，一瓶山崎（Yamazaki）单一麦芽威士忌50年以2 337 000港元（含买家佣金）成交，刷新单瓶日本威士忌世界拍卖纪录。 | 名酒投资年均回报与影响市场回报的风险因素的相关性接近0，是分散投资风险的利器。 |
| 资料来源：苏富比拍卖行。 | 资料来源：美国酒经济学会（Association of Wine Economics）。 |
| 名酒投资　超额回报 | 名酒投资　优于金油 |
| 9.5% | 低 |
| 名酒投资的实际回报远超模型计算的风险回报，每年超额回报7.5%～9.5%。 | 名酒价格波动低于股票、黄金、原油。 |
| 资料来源：美国酒经济学会（Association of Wine Economics）。 | 资料来源：美国名酒投资基金（The Wine Investment Fund）。 |

## 中国白酒数字

| 中国白酒 文化独特 |
|---|
| 60%　50% |
| 我们决定喝何种白酒及喝多少时，文化因素将起决定性作用（Culture is the Most Decisive Factor）。 |
| 中国与其他国家非常不同，酒类消费与商务活动高度有关（茅台60%以上的销售量来自商务宴请），并且发生在餐厅（50%以上的饮酒场合是在餐厅）。由于中国的酒类消费附带着交际因素，消费者倾向于对品牌产品支付溢价（高端白酒在中国用于送礼），并且呈现出越贵越好卖的凡勃伦商品效应。 |
| 资料来源：高盛全球投资研究，2017年。 |

### 中国纯酒精饮用量与世界持平
#### 10升
中国消费者爱喝酒，每年平均饮用10.0升纯酒精（约20瓶52度国窖1573），略高于全球平均水平9.5升。虽然中国是发展中国家，其消费力应该低于西方发达国家，但由于中国的低档产品选择多，农村居民的白酒消费量甚至超过城市居民，再加上中国的拼酒文化和西方的品酒文化不同，人均饮用量自然较高。
资料来源：高盛全球投资研究，2017年。

### 中国的年长消费者偏好白酒
#### 53%
53%的中国重度酒精消费者年龄在45岁以上，而啤酒和葡萄酒45岁以上的重度消费者占比分别为30%和27%。
资料来源：高盛全球投资研究，2017年。

### 可能是全球连续使用年份最久的窖池
#### 445年
建造于公元1573年的国宝窖池，截至2018年已连续使用445年，被誉为酿酒活文物，享有无法被复制的优势。
资料来源：泸州老窖，2018年。

### 高端白酒市场快速增长
#### 18%
由于消费升级，2016年至2021年，中国高端白酒的消费年增长率将达到18%，远高于全行业的5%增速。
资料来源：高盛全球投资研究，2017年。

### 高端白酒销量市场占比低，空间巨大
#### 0.4%
高端白酒的行业总销量占比将从2016年的0.4%大涨50%，至2020年的0.6%。
资料来源：高盛全球投资研究，2017年。

### 高端白酒行业高度集中，强者恒强
#### 84%
前五大白酒企业利润在2021年将占行业总利润的84%，高于2016年的55%。
资料来源：高盛全球投资研究，2017年。

## 搞笑段子

美女和美酒怎样选?

问:美女和美酒,如果只能选一样,你选谁?

答:主要看年份!

什么时候买年份酒最好?

问:什么时候买年份酒最好?

答:中午!

问:为什么?

答:早晚会涨!

茅台虽飞天,股价无泡沫。

茅台到了这个价格,一些朋友让我站在专业的角度分析一下茅台有没有泡沫?今天在此统一答复:国酒茅台是属于酱香型白酒,没有泡沫,有泡沫的那叫啤酒!

## 经典语录

当印钞逐渐成为新经济环境下解决困境的常用手段后,市场最不缺的就是钱,而最缺的将是可流通、有投资和收藏价值的实物资产。

制造流通(Liquidity)才是商品金融化的价值(Value)所在,因为流通能够创造出远超商品本身的价值,正如流通股的价值远大于非流通股。

交易是灵魂,交易是核心,交易是抓手。只要实物交易起来了,流通起来了，基于实物的金融产品自会水到渠成。这就是我所理解的金融服务实体。

近年来，在投资领域有两个较为明显的变化趋势，其一是由主动投资向被动投资的转变，其二是由权益类投资向实物投资的转变。被动投资渐成主流的主要原因是从收益率角度考虑，主动投资模式的优势正在不断减小。实物投资受到追捧，更多是因为其投资风险的相对可控以及在全球税务信息互换（Common Reporting Standard）推行后对合理避税产生的新需求。

高端白酒不仅具有消费品属性，同时兼有商品的保值增值属性，高端白酒价格的不断上涨从某种程度上讲可以归结为一种类似黄金的"货币现象"，这种现象很可能成为一种常态，在未来很长的一段时间里持续下去。

中国白酒实现国际化绝非一蹴而就的事情，在此之前还需要在文化渗透方面做更多的工作，但白酒行业应当有足够的信心，因为中国不仅有乒乓球，不仅有熊猫，白酒也是中国文化中极具风采和神韵的重要组成部分，具备成为中国"外交使者"的基础和条件。

何为大国崛起？过去中国人学习英语与外国人沟通，现在外国人学习普通话与中国人沟通；现在中国人向外国人学习红酒如何一口一口地喝，未来外国人向中国人学习中国白酒如何一杯一杯地干。

品牌代表着市场认受度和产品自身的质量，越知名的品牌其产品质量越高，社会消费量越大，也更易成为具有市场公信力的硬通货。目前，以茅台、国窖1573和五粮液为代表的白酒行业龙头品牌正是投资、收藏市场中最受欢迎的几大品牌。

高端白酒并不仅仅是公款消费的专利，被称为高端社交场合润滑剂的高端白酒，有其特有的刚性需求。

中国宏观经济增速虽然在放缓，但人民生活水平和生活质量的提高是不争的事实，消费观念的进步和消费意识的改变令人们在消费时开始有意识地选择健康和品质。价格不再是唯一影响消费决策的因素。

"酒是陈的香"，酒越老越好的概念深入民心，高端白酒的价值与贮藏时间成正相关性，贮藏时间越长的白酒，其价值越高。高端白酒价值会与贮藏时间共同增长的特点，使其成为绝佳的长线投资标的物。

中国外在消费转型升级的特殊阶段，大众对消费品的需求正在从满足基本需要升级到满足品质需要的过程中。尤其是中产阶层的快速增长，给高端消费品带来了巨大的市场空间，高端白酒正是其中具有代表性的一个品类。

与具有收藏价值的大多数投资品一样，高端白酒同样具有稀缺性和不可再生的特点。相比一般收藏品，特定的高端白酒可以在交易平台上自由买卖，具有更加便捷的流通性。"喝一瓶，少一瓶"，高端年份白酒的消费品属性也会进一步强化其稀缺性，为价值的增长带来有力支撑。

当中国白酒摆上洋人的餐桌和宴席，走入洋人的酒窖和酒吧，成为拍卖会上和资产配置中的常客时，中国的文化输出也就成功了。这一天，对于必将成为世界强国之一的中国而言，并不遥远。

## 常见问题解答

"常见问题解答"旨在通过问答的形式罗列出一些有关中国白酒的常见问题并做出解答，供广大读者参阅、学习和交流，内容上力求真实、客观、严谨，但也难免有所疏漏和不足，望各位读者见谅。

### （一）什么是中国白酒？中国白酒的起源？

中国白酒是以淀粉质（或糖质）为原料，加入糖化发酵剂（糖质原料无需糖化剂），经糖化、发酵（固态、半固态或液态）、蒸馏、贮存、勾调而制成的蒸馏酒。

中国酿酒文化史前就已出现，至今已有五千多年历史。中国白酒起源于宋朝，至今已有一千多年的历史。

以"浓香鼻祖"泸州老窖为例，其第一代大曲酒是由元代（公元1324年）郭怀玉酿制而成，该项酿酒技艺传承至今已超过690年，超过23代，并在2006年入选首批"国家级非物

首个荣膺双国宝殊荣的超高端白酒品牌

质文化遗产"。其1573国宝窖池群始建于明代万历年间，至今已不间断使用超过440年，共计1619口百年以上窖池，是中国现存持续使用时间最长、保存最完整的原生古窖池群落，是酿酒史上的"活文物"，堪称"世界酿酒奇迹"，同时也在1996年被国务院评定为"全国重点文物保护单位"，故命名国窖。泸州老窖也凭借此两项殊荣，成为唯一一家享有文化遗产"双国宝"的中国名酒企业，同时泸州老窖大曲酒也是最古老的四大名酒之一。

### （二）如何定义中国名酒？中国白酒历届国家级评比有哪些？分别评出了哪些中国名酒？

中国名酒是国家评定质量最高的酒。中国业界公认的白酒国家级评比共举办过五届。1952年在北京举办的第一届白酒国家级评比中，评定出的最古老的四大名酒分别是泸州老窖大曲酒、茅台酒、汾酒和西凤酒；第二届和第三届评定出两届八大名酒；第四届评定出十三大名酒；第五届评定出十七大名酒，分别是茅台酒、汾酒、泸州老窖特曲、西凤酒、五粮液、古井贡酒、全兴大曲酒、董酒、剑南春、洋河大曲、双沟大曲、特质黄鹤楼酒、郎酒、武陵酒、宝丰酒、宋河粮液、沱牌曲酒。

### （三）中国白酒是何时何地第一次走出国门的？

中国白酒第一次走出国门是1915年在美国旧金山举办的首届巴拿马万

国博览会上，其中泸州老窖大曲酒的前身温永盛大曲酒荣获了博览会的金奖，而泸州老窖在 2000 年推出的超高端白酒品牌国窖 1573 正是继承了这一血统。

### （四）为何中国白酒越陈越香？

新蒸馏出来的基酒，处于"极阳"状态，低沸点物质含量多，酒体分子自由度大，酒体辛辣。经过天然洞藏后，酒体在恒温恒湿的山洞里不断和大自然交换，吐故纳新，使酒体分子间相互缔合与重排，将新酒中部分低沸点成分缓慢地挥发与演化，去除酒体中的辛辣暴躁部分；使酒体醇化、老熟，日趋平和、细腻、柔顺、芳香，从而达到"阴阳平衡"状态。此后，再由勾调师调制出具有不同风格的成品酒。

己酸乙酯、乳酸乙酯和乙酸乙酯等是白酒主要的香味成分，自然窖藏陈酿后，酒体内的醛不断氧化为羧酸，羧酸再与乙醇酯化，生成具有芳香气味的酯类化合物，使酒质醇厚，产生酒香。这种酯化反应速度慢，耗时长，往往需要几年、十几年甚至几十年的时间，贮存时间越长，生成的香味成分越多，这就是中国白酒越陈越香的原因。

### （五）为何中国白酒有益健康？

中国白酒在长期贮存过程中，酒体中一些低沸点的小分子物质，如甲醇、乙醛、糠醛、乙缩醛等挥发物质逐渐减少，这些物质是对人体有害的，含量减少后可降低白酒对人体的伤害。同时酒分子的分分合合又生成了新的物质及微生物，对人体有着极高的保健作用。萜烯类化合物具有抗癌、抗病毒以及抗氧化的活性功效。中国传统纯粮固态发酵白酒中，具有抗癌症、抗病毒和抗炎症等活性功效的脂肽类地衣素、萜烯类化合物，以及白酒特征风味成分和生物活性物质的吡嗪类化合物含量。白酒本就含有活性物质种类，具有特殊的健康价值，现在以新技术实现白酒品质改造，其原理是对白酒健康成分的"放大"——强化功能性微生物，大大提高酒体中有益活性物质的含量；提高传统白酒吡嗪类、萜烯类、核苷类等活性物质的含量。

### （六）为何好酒喝了不上头？

在白酒中，乙醇、杂醇油和醛类是导致上头的主要原因：

第一，酒量小的人体内缺乏乙醇脱氢酶和乙醛脱氢酶，不能使酒精快速转化成水和二氧化碳。这样乙醇就会随血液循环，造成心律失常、血压升高、脑部充血，出现头晕头痛的现象。

第二，杂醇油对人体的危害较大，当酒中杂醇油含量较高时，酒劲大，会造成神经系统充血，出现头痛头晕，还会有宿醉的感觉。杂醇油在人体内分解代谢极慢，因此饮用杂醇油含量较高的酒后，可能第二天还会头痛。

第三，醛类对人体的毒害比醇类大，人体吸收醛类后，会引起交感神经兴奋，损害心肌，使血压升高，还会刺激黏膜系统。如酒中醛类含量过高，饮用后会造成口干舌燥，喉咙痛和胃痛。

好的白酒贮存期长，醛类大部分已经挥发掉，由醛类引起的危害大为降低。一般情况下，人们喝酒是否上头，取决于酒中杂醇油含量的多寡，而杂醇油含量多寡又取决于不同的白酒酿造工艺。中国名优白酒均采用开放式纯粮固态发酵酿造工艺。这种工艺在发酵过程中可以充分利用地表散热，使发酵能在相对较低的温度下缓慢进行，从而抑制杂醇油的产生。同时，土地及空气里面的大量不同种类的微生物会参与到发酵过程中，发酵微生物非常丰富，相互协调平衡，减缓发酵速度，从而进一步抑制杂醇油的产生。杂醇油含量低，自然就不上头了。

### （七）中国白酒文化与洋酒文化有何区别？

中国白酒是拼酒文化，一杯一杯地干；洋酒是品酒文化，一口一口地喝。

### （八）为何中国白酒没有保质期？

中国与其他国家的规定雷同，酒精度不低于10度的饮料酒，可以免除标识保质期。食品的变质是由细菌及微生物滋生导致。而在10度以上的酒精溶液中，细菌及微生物不能生长繁殖，也不能产生有害物质。因此，中国白酒（高度）在良好的储存环境下，化学变化非常小，可以不用标示保质期。但如果是低度的果酒或者是开封后的白酒，就不能一概而论了。

### （九）何为基酒（原浆酒）？

基酒是没有进行任何勾调的原始酒液，亦称"半成品酒或原浆酒"。基酒（原浆酒）是通过发酵蒸馏出来的，在没有进行贮存、勾调的情况下，若长期饮用，不利于身体健康。刚出来的基酒（原浆酒）需要经过一年甚至更久时间的贮存，方能挥发掉酒体中的有害物质，以达到白酒行业相关标准规定的各项指标要求，从而减少对人体的伤害。

### （十）中国白酒都是勾兑（勾调）的吗？

"勾兑（勾调）"是酒类生产中的专用技术术语，是酿酒过程中一个重要的工艺流程。

真正的好酒，都是经过调酒师精心勾兑（勾调）而成。他们将不同年份、批次的基酒按一定比例进行勾兑（勾调），并不断品尝和调整，最后达成自己需要的风格。中国名酒，如泸州老窖、贵州茅台酒、五粮液，都需要进行勾兑（勾调）。

20世纪60年代以前，中国传统意义上的白酒都属"原浆酒"范畴。原浆酒是没有进行任何勾兑（勾调）的。

20世纪60年代，由于粮食紧缺，为节约成本，普遍通过以食用酒精加调味香料等来满足当时的市场需求，而酒体本身的香气、口味、口感和风格则达不到原浆酒水平。酒友们所说的"勾兑酒"，亦称"新工艺白酒"、"仿白酒"，多指这一类。"勾兑酒"并不是贬义，只是酿酒的一种工艺而已，当然也有优劣之分，一般在正规流通环节出售的"勾兑酒"手续齐全、质量相对有保证，但相比中国传统工艺酿造的名优白酒，差距还是很大的。

### （十一）食用酒精和工业酒精的区别何在？

食用酒精（又称发酵性蒸馏酒）主要是利用薯类、谷物类、糖类作为原料，经过蒸煮、糖化、发酵等处理而得的含水酒精。食用酒精供食品工业使用，如消毒、作食品成分等。通常情况下，纯度为95%，但度数不定，品质以粮食酒精最优，薯类酒精其次，糖蜜酒精最差。

工业酒精（又称变性酒精、工业火酒）主要有合成和酿造两种生产方式（玉米或木薯）。合成的工业酒精，成本较低，甲醇含量高，价格便宜；酿造的工业酒精，成本较高，甲醇含量低于1%，价格较贵。工业酒精供工业生产使用，如作清洗剂、溶剂等，通常情况下纯度为95%和99%，主要用于印刷、电子、五金、香料、化工合成、医药合成等方面，应用非常广泛。

事实上，"新工艺白酒"的优劣主要取决于以下三点：

第一，食用酒精品质的好坏；

第二，调味香料、香精等品质的好坏；

第三，是否有用到基酒参与勾调，如果有，基酒的年份、批次、品质及勾调比例等对其优劣都有影响，但一般较少用到。通常情况下，"新工艺白酒"主要面向中、低端市场，而对于高端市场，"中国传统工艺酿造白酒"的地位不可撼动。

### （十二）"固态法发酵"与"液态法发酵"酿造的中国白酒区别何在？

"固态法发酵"与"液态法发酵"均属酿酒过程中的一道工序，并作为一种分类方法（发酵法分类）予以区别，在酿酒过程中，不同发酵法酿制出来的白酒，其生产成本、生产周期、酒质等都会有差别。

"固态法发酵"酿制的白酒，即酒友们所说的"中国传统工艺酿造白酒"、"纯粮固态发酵白酒"，此种发酵法酿制而成的白酒生产成本高、生产周期长、产量有限，但酒质好，通常中国名优白酒均采用此种发酵法酿制。其香味主要来源于酒体内部的酯化反应所产生的酯类化合物，如己酸乙酯、乳酸乙酯、乙酸乙酯等。由于遵循自然的酿造规律，酒体中除乙醇外，还蕴含丰富的营养成分。

"液态法发酵"酿制的白酒，即酒友们所说的"新工艺白酒"，此种发酵法酿制而成的白酒生产成本低、生产周期短、产量高，但酒质较差。其香味主要依靠添加香料、香精等香味物质而产生，是对"中国传统工艺酿造白酒"香味的模仿，但究其本质相差甚远，毕竟香味物质少，其量比关系也简单，且容易上头。然而凭借其"成本优势"和"产量优势"，在能够满足中、低收入人群对白酒消费需求的基础上，"新工艺白酒"在整个白酒行业还是占有一席之地的，但其品质优劣却参差不齐。由于"劣质酒"、"假酒"对整个市场的冲击，导致酒友们一提到"勾兑酒"，就没有好印象，然而，"勾兑酒"并不是贬义，只是一种酿酒工艺而已。

### （十三）何为年份酒？

年份酒是指贮藏时间比较长的老酒。中国高端年份白酒，在贮存过程中，有益成分和香味成分不断增加，酒体越发柔和、香醇，趋于老熟，且价值随时间自然增长。

事实上，年份酒这一概念是由贵州茅台酒率先提出的，在各大拍卖场屡次拍出天价，但在市场上，年份酒概念一直没有明确的定义，如多少年份的酒能称之为年份酒、年份酒的标准是什么、年份酒的定价原则是什么、年份酒的价值如何衡量，这些都不清晰，导致年份酒市场鱼目混珠、乱象频出。

为终止这一乱象，2014 年，中国首届瓶贮年份酒专家研讨会召开并确立瓶贮年份酒的定义，自此有市场人士提出"一切不以瓶贮为标准的年份酒都是在耍流氓"。而随后，泸州老窖在 2016 年首次提出瓶贮年份酒零售建议制定原则——瓶贮年份酒定价方法，并于 2017 年在四川中国白酒产品交易中心推出国窖 1573·瓶贮年份酒，作为首批试点标的物，从此开启年份酒定价新时代。

泸州老窖对国窖 1573·瓶贮年份酒的定义是：根据生产批次成瓶包装、贮存时间达五年以上的国窖 1573 成品酒。成品酒在包装生产前，基酒已在天然藏酒洞中以陶坛贮存五年以上，即每一瓶国窖 1573·瓶贮年份酒均至少经历了 10 年。瓶贮年份酒以包装生产日期作为年份酒计算依据，更易识别判定老酒年份。

### （十四）什么样的白酒能称之为好酒、健康酒？

酒界泰斗周恒刚先生给好酒、健康酒下的定义是：

第一，源自优质产区。

第二，遵循中国传统工艺酿造。

第三，坚守优质、纯正、地道、足年份。

第四，从原料到糖化，到发酵，到蒸馏，到贮存，到勾调，都有酿酒大师参与。

第五，酒体结构健康养生。

·酒体安全指标：不口干、不上头、不烧心、不伤胃、不伤肝。

·酒体风味指标：纯净、谐调、平衡、柔和、自然、格调、优美、典型。

·酒体健康指标：舒筋活血、新陈代谢、激活细胞、改善微循环、延年益寿。

·酒体养生指标：散郁结、除邪气、通诸经、升阳气、和元神、解烦恼、舒肝气。

总结为八个字：安全、风味、健康、养生。

### （十五）中国白酒为何没有易拉罐装？

因为中国白酒中的乙醇等物质很容易酸败，产生的酸性物质会腐蚀罐体导致泄漏；此外，易拉罐通常会装含大量气体的饮料，内部气体膨胀会增加罐壁强度，而中国白酒中无大量气体，所以罐壁会不结实。

### （十六）中国白酒是否颜色越黄酒质越好？

中国白酒的颜色分为无色和微黄色两种（如：浓香型白酒清澈透明，酱香型白酒显微黄），但大多数白酒是无色的，且纯粮自然发酵酿造的原浆酒或发酵期、贮存期较长的中国白酒也会呈微黄色，属正常现象，但并不代表颜色越黄酒质越好。

### （十七）为何外国人酿不出中国名酒？

中国名优白酒的酿造离不开以下六大资源：地、窖、艺、水、粮、洞。国外难以兼具这些资源，因此外国人酿不出中国名酒。

以泸州老窖为例，有其得天独厚的这六大资源：

· 地——北纬 28°，中国酿酒龙脉。

· 窖——1573 国宝窖池群。

· 艺——传承超过 23 代的国宝酿酒技艺。

· 水——酿泉为酒，泉香而酒洌。

· 粮——有机原粮产地。

· 洞——7 公里天然藏酒洞。

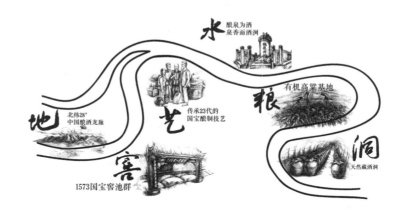

### （十八）白酒都有哪些分类？

第一，按原料分类（多种）：高粱（香）、小麦（躁）、大米（净）、玉米（甜）、糯米（绵）、大麦（冲）等。

第二，按酒曲分类（三种）：大曲、小曲、麸曲。

第三，按发酵法分类（三种）：固态法、半固态法、液态法。

第四，按香型分类（十二大香型）：浓香（泸香、窖香）、酱香（茅香）、清香（汾香）、米香（蜜香）、凤香、豉香、芝麻香、特香、兼香、药香、老白干香、馥郁香。

### （十九）高端白酒"茅五剑"为何变为"一茅五"？

2008 年汶川大地震，由于剑南春的产地绵竹市距离地震震中直线距离仅约 30 公里，受地震波及严重，致使其损失大量基酒。基酒对于酿酒来说至关重要，真正的好酒都是需要勾调大师将不同年份、批次的基酒按一定比例进行勾兑（勾调），并不断品尝和调整，以达到相应的风格，最终装罐、装瓶呈现在市面上进行售卖。虽然基酒的损失对于酒企来说影响巨大，但剑南春凭借自己的努力，其品牌影响力依然不可小视。

而泸州老窖虽然在 20 世纪 80 年代以舍"名酒"取"民酒"的方式暂别行业"老大哥"的位置，但是其历史悠久，底蕴深厚，作为唯一一家拥有文化遗产"双国宝"的中国知名酒企，近年来实行品牌复兴战略，加之高端白酒国窖 1573 超高的市场认可度，如今又重新回到高端白酒前三甲，"一茅五"的说法便开始流行起来，即国窖 1573、贵州茅台酒和五粮液。

### （二十）为何中国白酒以浓香型为主？

新中国成立之初，中国白酒行业中以泸州老窖一家独大，继而成为全国酿酒行业积极学习和模仿的典范。1959 年，新中国第一本酿酒教科书《泸州老窖大曲酒》问世，泸州老窖大曲酒本属浓香型白酒，追随者根据书中叙述的酿酒技艺所酿之酒自然也就是浓香型白酒。目前，浓香型白酒在中国白酒市场总量的占比超过 75%。

### （二十一）何为白酒的老熟？

白酒在贮存过程中，不断地挥发有害物质，并同时增加香味成分，通常把这个过程称作白酒的老熟，期间，同时伴有物理变化和化学变化。

物理变化：酒精分子缔结和低沸点有害物质挥发。

化学变化：酯化反应生成脂类化合物，如己酸乙酯、乳酸乙酯和乙酸乙酯等。

### （二十二）饮用中国白酒是否有助于睡眠？

饮用中国白酒对人体神经系统有镇静作用，尤其是纯粮酿造的白酒，以纯粮食为原料，经微生物转化后，会生成大量的谷氨酸，能有效减轻失眠、多梦、头痛等症状，所以适量饮用白酒有助于睡眠。如若长期大量饮酒，则会造成失眠，并增加人体对乙醇的耐受度，需不断增加饮酒量，才能达到短暂的催眠效果，随之而来的是更严重的失眠；若是酗酒，产生的后果更加糟糕，严重影响身体健康。

### （二十三）运动后饮用中国白酒能否缓解疲劳？

人在运动后体内会产生大量乳酸，导致酸碱不平衡，使人感到疲劳，而中国白酒能扩张血管，它的蛋白质氨基酸含量极为丰富，能与体内乳酸发生蛋白质磷酸化反应，从而加快乳酸代谢，能有效缓解疲劳。但运动后饮酒一定要"适时"、"适度"、"适量"，否则适得其反，容易导致血管破裂等，尤其对于健身、长期运动后大量饮酒，摄入的酒精会降低蛋白质的合成，从而抑制或减少肌肉的生长。

### （二十四）中国白酒喝过量为何不要抠喉催吐？

催吐容易造成十二指肠内溶物（酒精、胃酸等）逆流，从而腐蚀食道及肝胆等内脏，对其造成损伤，除此之外，可能还会造成其他一些严重后果。所以，在醉酒后，可以喝些西红柿汁、芹菜汁或用其他一些科学方法来解酒，切勿轻易抠喉催吐。

### （二十五）中国白酒最好用什么材料的容器盛装？

用塑料容器装酒，时间久了，塑料中的聚乙烯会大量溶解在酒精里，容易造成酒精过敏，形成过敏体质；陶瓷容器装酒因为透气性比玻璃容器强，且具有过气不过液的特点，有利于原酒的自由呼吸、醇化和老熟，但随着贮存期的不断延长，陶瓷容器会促使酒体内一些特有脂类物质发生变化，酒体慢慢变得淡薄，会严重影响消费者的口感；玻璃容器装酒相比陶瓷容器装酒，有气密性较好且性价比较高的优势，是中国成品白酒最常用的容器。我们常见的中国高端白酒，如国窖1573、贵州茅台酒和五粮液，都是玻璃容器盛装的。

### （二十六）作为一种饮品，为何高端年份白酒能屡次在拍卖会上拍出天价？

因为高端白酒具有收藏和投资的五大属性：

产品——资源稀缺（喝一瓶　少一瓶），

自然增值（越陈越香　越老越贵）。

品牌——文化深厚（底蕴深厚　国宝窖池），

高端品牌（三强鼎立　市场认可）。

真伪——真实可靠（年份真实　质量可靠），

多重防伪（工具良多　真假易辩）。

流通——变现有方（平台交易　流通便捷），

趋势活跃（渠道增加　有价有市）。

回报——短线涨价（新货趋紧　涨价可期），

长线升级（中产崛起　消费升级）。

**（二十七）既然高端白酒有金融属性，为何基本停留在消费和收藏层面，而在投资层面很少见？**

高端年份白酒市场不公开、不透明，存在诸多行业痛点，如：价格如何确定？价值如何认定？不同品牌、不同年份之间，差价如何确定？产品在哪里购买？如何辨别产品真伪？如何存储？投资风险如何？投资回报如何？是否有退出机制？这些问题在行业内一直都没有明确的、量化的概念，所以导致高端白酒即使具备金融属性，也难以在投资层面普及。然而，随着科技的进步、互联网的普及、平台交易的兴起，高端白酒投资与收藏的门槛已大幅降低，金融属性也逐渐体现。

**（二十八）为何"活"窖池很重要？**

泥窖酿酒的奥妙主要在于窖泥中所含微生物。酒的香气实际上是微生物新陈代谢的产物，其决定了酒的风格和品位。微生物在窖池不间断的发酵过程中不断驯化富集，窖越老，微生物越丰富，酿出的酒就越好。若窖池停止生产，必然破坏窖泥的微生物环境；假使恢复生产，酒的品质也会受到很大的影响，而且倘若窖池停产时间过长，微生物死亡殆尽，那这口窖便再也不能酿出酒来，只能是一口废窖了。

**（二十九）为何现在市面上高度白酒的度数普遍在 52 度？**

这要从 52 度酒的起源说起。泸州大曲酒从 1953 年开始出口，由香港转销世界各国，年销售量大约在 50 吨。那时出口到国外的泸州大曲酒度数都是 60 度，算是极烈的酒种。虽然当时国外市场希望中国能出口更低度数的白酒来迎合出口市场需求，但对于当时的中国来说，给中国白酒降度其实是一项技术难题，原因是若酒度下降到 55 度以下，就会出现白色浑浊现象，而当酒度提高或温度上升，酒体又会变得透明澄清，不同酒种临界点并不相同。当然，这只是一个单纯的物理现象，虽不会影响酒质，但会让消费者产生误解，认为所买的酒是不合格品，存在严重质量问题。所以中国白酒向来规定，各个厂家生产的白酒，其酒度必须保持在 55 度到 65 度之间。后来，中国的研究员一直在寻找给中国白酒降度的同时又能保证酒体不浑浊的方法，通过不断地调度实验，经历千辛万苦，最终成功将泸州大曲酒的酒度从 60 度降至 52 度。从此，国内消费的泸州大曲酒又多了一个 52 度的新品种，随后普及到全国各白酒企业，同时推向国外市场。这也是为何现在市面上高度白酒的度数普遍在 52 度的原因。

### （三十）"低度白酒"与"高度白酒"有何区别？

在中国，45 度以下的白酒一般称为"低度白酒"，45 度以上的白酒称为"高度白酒"。

"低度白酒"不意味是"低端白酒"，降度也并不是单纯的加水，其生产工艺主要有两种：

第一，"高度白酒"酿造过程中加入一定低度白酒混合而成；

第二，"高度白酒"经过加浆（加水）降度，然后经历一系列复杂工艺的处理，从而获得低度白酒。

中国"高度白酒"的特点是甘洌、醇厚、芳香、味足等，一旦降度成"低度白酒"，就容易出现以下问题：

第一，口感不协调，味道偏水味；

第二，不利于存放，没有陈酿价值；

第三，偏离原酒的风格。

"高度白酒"以 52 度的国窖 1573 为例。

科学证明：蒸馏酒在 52 度时，水分子和酒精分子缔合得最紧密，有利于白酒的品质稳定与陈年存放的稳定价值。所以，年份越久的国窖1573，价值越高，而国窖1573·瓶贮年份酒的价格曲线也可以从四川中国白酒产品交易中心平台上查得。

同时，泸州老窖也有"低度白酒"，诸如38度和43度的国窖1573之类，这也是顺应中国白酒行业发展主流趋势之白酒低度化的产物。但白酒低度化并不意味着"高度白酒时代"已经过去，恰恰相反，"高度白酒"的地位是"低度白酒"所不可撼动的，原因有很多，在这里不做赘述。事实上，"高度白酒"的投资收藏价值要远高于"低度白酒"，当然这里的白酒指的是国窖1573、贵州茅台、五粮液这类中国高端白酒。

最后，要澄清一点，不能说高度白酒一定比低度白酒优，毕竟每个人的喜好口感不一样。作为当代年轻人，可能会比较喜欢喝低度白酒；而作为资深酒民，则可能更倾向于喝高度白酒。这就要见仁见智了。

**（三十一）看挂杯度也能判断中国白酒酒质好坏？**

一般来说，纯粮酿造的中国白酒，酒体比较厚重、醇和，纯粮酒把酒杯倾斜后再慢慢回正，酒杯中的酒会像蜂蜜一样挂在杯壁上，所以一般通过挂杯与否，也可以用来判断酒质好坏。

# 中国古代酒诗

### 问刘十九

*白居易*

绿蚁新醅酒，

红泥小火炉。

晚来天欲雪，

能饮一杯无？

## 月下独酌

李白

花间一壶酒，独酌无相亲。

举杯邀明月，对影成三人。

月既不解饮，影徒随我身。

赞伴月将影，行乐须及春。

我歌月徘徊，我舞影零乱。

醒时同交欢，醉后各分散。

永结无情游，相期邈云汉。

## 饮酒

陶渊明

结庐在人境，而无车马喧。

问君何能尔，心远地自偏。

采菊东篱下，悠然见南山。

山气日夕佳，飞鸟相与还。

此中有真意，欲辩已忘言。

## 将进酒

李白

君不见，黄河之水天上来，奔流到海不复回。

君不见，高堂明镜悲白发，朝如青丝暮成雪。

人生得意须尽欢，莫使金樽空对月。

天生我材必有用，千金散尽还复来。

烹羊宰牛且为乐，会须一饮三百杯。

岑夫子，丹丘生，将进酒，杯莫停。

与君歌一曲，请君为我倾耳听。

钟鼓馔玉不足贵，但愿长醉不复醒。

古来圣贤皆寂寞，惟有饮者留其明。

陈王昔时宴平乐，斗酒十千恣欢谑。

主人何为言少钱，径须沽取对君酌。

五花马，千金裘，呼儿将出换美酒，与尔同销万古愁。

## 渭城曲

### 王维

渭城朝雨浥轻尘，客舍青青柳色新。

劝君更尽一杯酒，西出阳关无故人。

## 过故人庄

### 孟浩然

故人具鸡黍，邀我至田家。

绿树村边合，青山郭外斜。

开轩面场圃，把酒话桑麻。

待到重阳日，还来就菊花。

## 短歌行

### 曹操

对酒当歌，人生几何？

譬如朝露，去日苦多。

慨当以慷，忧思难忘。

何以解忧，唯有杜康。

青青子衿，悠悠我心。

但为君故，沉吟至今。

呦呦鹿鸣，食野之苹。

我有嘉宾，鼓瑟吹笙。

明明如月，何时可掇。

忧从中来，不可断绝。

越陌度阡，枉用相存。

契阔谈宴，心念旧恩。

月明星稀，乌鹊南飞。

绕树三匝，何枝可依？

山不厌高，海不厌深。

周公吐哺，天下归心。

## 酬乐天扬州初逢席上见赠

### 刘禹锡

巴山楚水凄凉地，二十三年弃置身。

怀旧空吟闻笛赋，到乡翻似烂柯人。

沉舟侧畔千帆过，病树前头万木春。

今日听君歌一曲，暂凭杯酒长精神。

## 把酒问月

### 李白

青天有月来几时？我今停杯一问之。

人攀明月不可得，月行却与人相随。

皎如飞镜临丹阙，绿烟灭尽清辉发。

但见宵从海上来，宁知晓向云间没。

白兔捣药秋复春，嫦娥孤栖与谁邻？

今人不见古时月，今月曾经照古人。

古人今人若流水，共看明月皆如此。

唯愿当歌对酒时，月光长照金尊里。

## 临江仙

苏轼

夜饮东坡醒复醉，

归来仿佛三更。

家童鼻息已雷鸣，

敲门都不应，

倚杖听江声。

长恨此身非我有，

何时忘却营营。

夜阑风静縠纹平。

小舟从此逝，

江海寄余生。

# 中国现代酒诗

## 醉与爱

胡适

你醉里何尝知酒力，

你只和衣倒下就睡了。

你醒来自己笑道，

"昨晚当真喝醉了！"

爱里也只是爱，

和酒醉很相像的。

直到你后来追想，

"哦！爱情原来是这么样的！"

## 我和酒

曾卓

白色的酒，红色的酒
芳甜的酒，浓烈的酒……
我都喜爱，我都品尝
浅饮一口，就微醉微醺了
而我却从未醉倒
虽然不免有时步履跟跄
当我饮满
生活酿成的苦酒


## 干着急

徐志摩

朋友，这干着急有什么用，
喝酒玩吧，这槐树下凉快；
看槐花直掉在你的杯中——
别嫌它：这也是一种的爱。
胡知了到天黑还在直叫
（她为我的心跳还不一样？）
那紫金山头有夕阳返照
（我心头，不是夕阳，是惆怅！）
这天黑得草木全变了形
（天黑可盖不了我的心焦；）
又是一天，天上点满了银
（又是一天，真是，这怎么好！）

## 空酒瓶

余光中

握一只空酒瓶子的那种感觉

凡饮者都经验过的

——芬芳的年代过去后

只剩一只空酒瓶子

做寂寞的见证，犹如一座塔

天宝以后就交付给乌鸦和落日去看顾

墨绿色的厚玻璃

一个冷幽幽的世界囚着

而究竟是空酒瓶子矗立成塔

或是塔啊冷落成一只空酒瓶子

怕谁也说不清了吧

——甚至乌鸦

## 酒和人

杜运燮

外表随和温柔，对人有一颗金子般善良的心

使一切喜事更加圆满

在欢乐中更加欢乐

朋友情人多献一份真诚

心扉敞开，加速心的交流

使腼腆的人变成雄辩家

谨小慎微的人也真的讲了真话

但也冷静警告，爱憎分明

爱惩罚得寸进尺、纵欲无度的人

人酿造了酒，各种酒

酒也酿造了人，各种人

能使人变仙，变圣，变龙
也能变鬼，变徒，变囊
世故的男子汉迷眼甘心做亏本买卖
警惕自卫的女人也会被解除武装
使诗人写出千古传颂的诗章
也有人只吐出一堆恶心的赃物
集青春活力与老人智慧于一身
年岁越大，越具诱惑的魅力。

## 一小杯的快乐

### 路易士

一小杯的快乐，两三滴的过瘾，
作为一个饮者，这便是一切了。
那些鸡尾酒会，我是不参加的；
那些假面跳舞，也没有我的份。
如今六十岁了，我已与世无争，
无所求，也无所动：
此之谓宁静。但是我还


不够太纯，而且有欠沉默——
上他妈的什么电视镜头呢？
又让人家给录了音去广播！
倒不如躺在自己的太空床上，
看看云，做做梦好些。
如果成诗一首，颇有二三佳句，
我就首先向我的猫发表。
我的猫是正在谈着恋爱，
月光下，屋脊上，它有的是
唱不完的恋歌，怪腔怪调的。

为了争夺一匹牝的老而且丑，
去和那些牡的拼个你死我活，
而且带了一身的伤回来的事
也是常有的。这使我

忽然间回忆起，当我们年少时，
把剑磨了又磨，去和情敌决斗，
亦大有罗密欧与朱丽叶之慨——
多么可笑！多傻！而又多么可爱！
如果时光可以倒流，
我是真想回到四十年前，
把当初摆错了的姿势重摆一遍。

而总之，错了，错了，错了，
那些台词与台步，都错了，
这样也错了，那样也错了，
一错就错到了今天的这种结论：
既无纱帽或勋章之足以光宗耀祖的，
而又不容许我去游山玩水说再见——
此之谓命运。

啊啊命运！命运！命运！
不是乐天知命，而是认了命的；
亦非安贫乐道，而是无道可乐。
所以我必须保持宁静，单纯与沉默，
不再主演什么，也不看人家的戏。
然则，让我浮一大白以自寿吧！
止了微醺而不及于乱，此之谓酒德。

## 酒

白桦

一个不会喝酒的小姑娘，

偏偏要捧个大杯。

严寒下的渔人饮酒，

是为了破冰捕鱼。

古代战场上的战士饮酒，

是为了攻破敌阵。

你是为了什么呢？

绯红的笑脸像一朵怒放的花。

你是在表现勇敢？

还是在掩饰羞怯？

我明白了，你已经醉了，

当你已经醉过了，那就尽情地喝吧！

无论多么浓烈的酒，

全都是，全都是……

## 劝酒

韩东

她劝我喝一点酒

屡次说到喝酒的好处

我知道她经常喝

矢口否认借酒浇愁

我说：酒后乱性

她说她从来不乱

或者不喝也乱

喝酒不为什么

我体会不到

但能想象得出

喝得那么纯粹在她是必然的


**醉李白**

李元胜

出没于无数的山水之间

骑白鹿的可爱流浪人

酒便是你的家

酒是一扇半开半闭的门

后面有什么等着你

你走进去便有了一段传奇

你在酒下面看月亮

月亮中传出的鸟叫遥远而清晰

你喝光长安的酒

醉倒的也只能是长安

而你清醒

清醒得难以忍受

想起水一样流过去的故人们

和你一样爱流浪的故人们

你的剑默默划过夜空

直到今天

还有月光掉下来

# 特别鸣谢

香港金融资产交易集团（HKFAEx）全力支持

王一林先生协助文字编辑

李利贞先生协助文章整理

郝梦华小姐、付裕先生协助图表设计

傲扬实习计划实习生协助资料搜集

徐鹤洋　戴衔之　李佳璐　王泽羽　杨佳妮

张钧弛　石　越　彭程远　陈琼喆　康路恒　李诗玥

**图书在版编目（CIP）数据**

我看年份酒的未来/尹满华著. --北京：华夏出版社，2018.10

ISBN 978-7-5080-9574-5

Ⅰ. ①我…　Ⅱ. ①尹…　Ⅲ. ①白酒—介绍—中国　Ⅳ. ①TS262.3

中国版本图书馆 CIP 数据核字（2018）第 195070 号

**我看年份酒的未来**

| | | |
|---|---|---|
| 著　　者 | 尹满华 | |
| 责任编辑 | 李雪飞 | |
| 特邀编辑 | 罗　云 | |

出版发行　华夏出版社
经　　销　新华书店
印　　刷　三河市万龙印装有限公司
装　　订　三河市万龙印装有限公司
版　　次　2018 年 10 月北京第 1 版
　　　　　2018 年 10 月北京第 1 次印刷
开　　本　720×1030　1/16 开
印　　张　14.25
字　　数　209 千字
定　　价　78.00 元

华夏出版社　　地址：北京市东直门外香河园北里 4 号　　邮编：100028
　　　　　　　网址：www.hxph.com.cn　　电话：（010）64663331（转）
若发现本版图书有印装质量问题，请与我社营销中心联系调换。